每天吃也不會

與你分享
低醣甜點溫和感

石澤清美　著

三悅文化

前言

對我而言，點心時間是調節生活的逗號，
能夠撫慰身心上的疲憊，是不可或缺的一段時光。
富含醣類的甜點雖然十分美味，
但會對身體漸漸產生負擔，
因此在近期我也開始習慣了低醣甜點的溫和感。

都難得做了甜點，就不僅侷限於在家中品嘗，
能夠將甜點帶到工作場所、郊遊、聚會等場所，
無時無刻任何地方皆可享用的話，我想是再好不過了。
抱著這樣的想法，開始試著製作能方便攜帶的甜點。

也嘗試使用杏仁粉、凍豆腐粉、豆渣粉等好取得的粉類材料
製成醣類含量約1～5g的甜點。為了能夠讓製作方法更加簡單，
也進行了非常多次的嘗試。
因為有一些低醣甜點才有的特殊製作方法，
所以請從最前面的注意事項開始仔細地閱讀。

希望從明天起，
甜點時間能夠融入您的生活當中，
並為您帶來一段快樂的時光。

石澤清美

Contents

Part 1 * 將常見的甜點低醣化後享用！…12

Part 2 ＊ 將大型甜點切小片的食譜…64

挑戰看看
一口大小的派吧
challenge

Part 3 ＊ 想當作節慶禮物的甜點…84

「低醣甜點」為什麼

**醣類究竟有什麼樣的特點呢？好好掌握住醣類的特點，
對於實踐低醣食譜來說是不可或缺的。因此將在此簡單的說明一下。**

醣類並不等於碳水化合物

許多人應該都認為醣類就等於碳水化合物，但事實上碳水化合物還分為吸收後可以產生能量的醣類和難以消化、吸收的膳食纖維。

因此在『日本食品標準成分表』中碳水化合物的總量，還必須把膳食纖維的量給扣除後，顯示的才會是醣類的含量。

醣類大多存在於米、麵包、麵條、水果、砂糖當中。如果大量攝取的話會導致血糖值急遽上升。並引發胰臟為了抑制血糖值而分泌胰島素。

胰島素會優先使用醣類去抑制中性脂肪的分解反應（變得容易累積脂肪）。然後，也會令脂肪細胞與肌肉更容易吸收醣類。

被吸收的醣類，如果過多的話就會變成中性脂肪，並且被堆積成為身體內的脂肪細胞。因此，攝取過多的醣類就會導致容易發胖的狀況。

低醣甜點食譜與普通甜點食譜的差異

左圖為本書的布朗尼食譜，右書為普通的布朗尼食譜範例。簡單扼要說明的話，就是砂糖和小麥粉等材料用量的差別。為了追求甜點的口感或美味度，會稍微使用些許的高筋麵粉，其他的部分則透過杏仁粉、凍豆腐粉、豆渣粉、羅漢果代糖等食材，來讓甜點中含有的醣類減少。

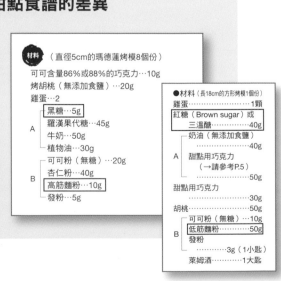

材料（直徑5cm的瑪德蓮烤模8個份）
可可含量86％或88％的巧克力…10g
烤胡桃（無添加食鹽）…20g
雞蛋…2
A
┌ 黑糖…5g
│ 羅漢果代糖…45g
│ 牛奶…50g
└ 植物油…30g
B
┌ 可可粉（無糖）…20g
│ 杏仁粉…40g
│ 高筋麵粉…10g
└ 發粉…5g

●材料（長18cm的方形烤模1個份）
雞蛋……1顆
┌ 紅糖（Brown sugar）或
│ 三溫醣……40g
│ 奶油（無添加食鹽）
A │ ……40g
│ 甜點用巧克力
│ （→請參考P.5）
└ ……50g
甜點用巧克力……30g
胡桃……50g
B
┌ 可可粉（無糖）……50g
│ 低筋麵粉……50g
│ 發粉
└ ……3g（1小匙）
萊姆酒……1大匙

吃了不會胖呢？

杏仁粉　　　　　凍豆腐粉　　　　　豆渣粉　　　　　羅漢果代糖

低醣甜點的特徵

　　甜點這種東西和身為主食的米飯或麵條不一樣，即使不吃也不會有甚麼影響。但吃了會讓人變胖反而就是個問題了。

　　但是，吃甜點時可以獲得的幸福感、放鬆感也是無可取代的。也正因為如此，世界上才會有了如此多的甜點……。

　　然後，在本書當中出現的低醣甜點將以即使吃了血糖值也不會急遽上漲的含醣量為考量點，並主要介紹含醣量約1〜5g上下的低醣甜點食譜。

　　為了減少醣類含量，材料必須經過嚴選。首先不使用精緻糖，改用羅漢果代糖、蜂蜜、黑糖等代替。羅漢果代糖是羅漢果萃取物和赤蘚醇（也存在於紅酒與菇類當中的成分）混合製成的甜味劑。雖含有碳水化合物，但已向製造商確認過不會造成血糖值上升（根據製造商所表示），因此不計算其醣類含量與熱量。至於蜂蜜與黑糖的用量僅止於帶有些許風味的程度。

　　然後，減少醣類含量高的小麥粉、高筋麵粉的用量，選用醣類含量少的杏仁粉、凍豆腐粉、豆渣粉。若無法取得凍豆腐粉的時候，可以將凍豆腐磨碎使用。

怎麼吃都不會變胖？

　　在此要說聲抱歉，如果吃太多的話還是會胖的。在此提供的食譜以一天吃一次左右也不會發胖的低糖甜點為主。

　　其實，在拍攝後的試吃當中，少量吃了10種左右的甜點的編輯、造型師、設計師等工作人員，也都沒有變胖。而在平常的飲食中又額外加上拍攝後的試吃，依然也沒有造成血糖值的急遽上升。

　　然後還有一個需要注意的地方是搭配甜點的飲料。若在飲料中含有砂糖的話也會變胖。市面上的飲料大多含有砂糖、果糖或葡萄糖液等成分。購買紅茶、咖啡、果汁、運動飲料等飲品時建議看一下旁邊標示的原料，迴避掉含有高醣類成分的選項。

無法取得凍豆腐粉的時候該怎麼辦？

凍豆腐粉會以「粉豆腐」等商品名稱來進行販售，但附近的商店都找不到的時候，可以直接將凍豆腐磨碎。就像是附圖的照片般很簡單就可以將其磨碎。

閱讀本書中記載的**食譜來製作甜點**時需要注意的事項

透過在此將介紹給各位的步驟，將可使甜點更加美味。
請務必在製作甜點前先仔細閱讀。
即使是做到一半的時候也可以多回顧這邊檢查一下。

「關於烤箱、微波爐」

■烤箱一般來說使用電烤箱，並在食譜上記載溫度和時間

　　每個烤箱都有個體差異，因此需要時時注意烤的狀況，若有燒焦跡象請盡快取出，若還沒烘焙完成的話則需要延長烘焙的時間。此外，若是有熱風循環功能的烤箱也可以讓烘焙時間減少2～3成。

■在整理完材料，準備開始製作前請記得先預熱烤箱

　　在所有步驟都完成後才開始預熱烤箱的話，難得完成的麵團就會喪失水分、變質了。

■若有著在烘焙的途中將溫度調降此步驟時，請勿開啟烤箱的門，直接透過按鈕調整溫度即可

　　低糖甜點很容易就會燒焦，因此要用比烘焙普通甜點時設定更低的溫度來進行烘焙。

■若有烘焙狀況不均勻的狀況時，可以中途改變烤盤的方向。

　　請觀察烤箱的烘焙狀況，若有烘焙狀況不均很明顯的時候，可以中途改變烤盤的方向。

■本書所記載的微波爐時間預設為火力轉至600W。

「關於植物油」

■請依照喜好選擇材料表上有記載著的植物油。

　　推薦選擇菜籽油、芥花油等無香味的植物油。

「關於計量」

■在開始製作前，先計量所需的材料吧。

　　流暢的加入並混合材料是製作出美味甜點的基本。但是要注意，若要像圖片般放上調理盆來測重時，請記得先把調理盆放上電子秤並歸零，才能計算出只有材料的重量，並且能夠邊做邊量。

■若知道如何用小匙量出1～3g的發粉在製作上會方便許多。

　　在本書中除了會使用到少量的高筋麵粉之外，多半使用麩質（黏性較強）含量較少的粉類，因此為了讓成品較為酥脆會使用少量的發粉。但是家用的磅秤中幾乎都沒辦法量出以1g為單位的重量，為了至少能做到能目測大概份量，將在此處介紹該如何用小匙來判斷的方法。

右方照片一小袋為5g。而1小匙平匙約為4g，因此1小匙稍微未滿（中央照片）為3g。而1/2小匙（左方照片）約為2g，而再一半的話則為1g，可依照此方法來判斷份量。

■鹽巴1g可以用拇指、食指、中指三根指頭輕輕抓起一小撮的量即可。

　　也可以去百元商店中看看，可能會有販售可以專門測量1g鹽巴份量的小匙，購買一支的話在製作甜點上也會更為方便。

「關於在烤模鋪上烘焙紙」

■烘焙紙和市售的紙模具（格拉辛紙製）將依照其特徵劃分使用。

　　烘焙紙有事先用矽氧樹脂加工過，因此可以將烘焙完成的甜點完美的從紙上取下。此外，市售的紙模具大多是用格拉辛紙製成，若不在蛋糕完全冷卻後馬上取下的話，麵團就會黏在上面，變成蛋糕崩塌的一項原因。但是，麵團若黏性不足的話，上方就會很容易膨脹起來，在本書中也是使用拉辛紙製的紙模具。若是沒有辦法取得的話，則容易因為膨脹度不同的關係，成品上多少會有差異，此時若先配合烤模鋪上一層烘焙紙的話就沒問題了。

　　但有個例外是P.72的優格舒芙蕾蛋糕，因為這種甜點的麵團容易塌陷，因此只需要在底部鋪上烘焙紙。在烘焙完成後用刀子插進蛋糕與烤模之間繞一圈即可將蛋糕取出。

鋪上紙模具的樣子

烘焙舒芙蕾蛋糕時，僅在底部鋪上烘焙紙

「關於製作方面」

■粉類在混合後放入篩子，邊搖晃邊篩入其中。

為了讓粉類與其他的材料容易混合，讓其含有空氣輕輕灑上。然後凍豆腐粉和豆渣粉因顆粒較大容易卡在篩上，這時可以將篩子反轉過來全部加入其中。

變成這樣的狀況時，將篩子反轉過來全部加入其中。

■塔或派、餅乾的麵團邊微微旋轉邊桿開。

將烘焙紙剪成烤盤大小，並將麵團放置於上，並且鋪上保鮮膜。先使用桿麵棍把其桿成接近四角或圓形，接著將烘焙紙邊慢慢旋轉90度，邊繼續趕開修整形狀是重點之一。如果邊緣破裂的話可以用手指撫平修復，如果形狀歪掉的話可以切下並補在較薄的地方，就像在玩黏土般輕鬆的雕塑出外型吧。然後，若麵團鬆弛過度可放進冰箱中30分鐘休息。

從上使力使其延展開來。

如果形狀歪掉的話可以切下，並補在較薄的地方使其形狀勻稱。

■雞蛋、甜味劑、牛奶、植物油等材料在攪拌時，請用打蛋器子細攪拌使其「乳化」。

請攪拌到如同下圖所示般的勻稱狀態為止。

認真攪拌。　　　　乳化後的狀態。

■將蛋白與甜味劑放入小且深的調理盆中，使用電動攪拌機打發至角狀成型型。

將蛋白打發至彎鉤狀即可。為了能與麵團搭配得更好，先加入1/3的量細細攪拌。剩下的量分兩次加入其中，為了避免打發的蛋白消泡請迅速切拌。

放入小調理盆中，用電動攪拌器打發至角狀。　　角成垂下的彎鉤狀。

即使傾斜也不會流出。　　先加入1/3混合。

■擠花時若僅少量時可使用烘焙紙做「簡易手摺擠花袋」。

★簡易手摺擠花袋的製作方法

1　將烘焙紙剪下15公分，並沿對角線剪下變成一個直角三角形。

2　如照片般，用左手的拇指拿著直角頂點的正下方，並將其當做支點用右手將右端拿著的部分捲起。

3　成為圓錐狀後，先用左手壓著前端，並用右手的拇指和食指分別靠著內側和外側將圓錐捲起，並用膠帶固定。然後將上方突出的部分向外摺。

4　將擠花袋放在杯子等物中支撐，並將想要擠出的材料放入其中。

5　將開口摺起來，稍微將尖端剪開後即可擠花。

「關於如何得知烘焙完成與保存」

■烘焙完成後用竹籤插入甜點中心後拔出。

　若竹籤上還沾黏著麵糊時請繼續烘焙加熱。

■烘焙完成並放涼後請放入密封袋中保存，並在2～3天內食用完畢。

　馬芬或磅蛋糕在餘熱散去後，用保鮮膜包起放在室溫中保存。

　餅乾類則是等烤盤冷卻、降溫到手可觸碰後，移到散熱架上冷卻。等其變得結實後連同乾燥劑（矽膠等）一起放到保鮮袋、瓶子、罐子中進行保存。

「關於含醣量與熱量」

■本書中所記載的數字為一般基準值。

　類似的甜點烘焙過程也都差不多。此處是參考了一般的食譜所計算出來的數字。

■請仔細確認不要攝取過量。

Part 1
將常見的甜點
低醣化後享用！

品嘗甜點是最幸福的時光。
但想永遠停留在這個時間的同時，
也會感受到吃下甜點後的罪惡感。
揮別吃甜點會感到的不安吧，
讓低醣甜點食譜改變你的甜點時光，
給予你能全心放鬆的享受。
即使是常見的甜點，在材料上下點功夫的話，
就不用擔心肥胖問題，可以安心享用。
在開始製作甜點前
請務必詳細閱讀P.8～11的內容。
將會介紹給您製作低醣甜點時需要
注意的重要事項。

布朗尼
Brownies

胡桃的香味、口感與麵團完美搭配。
也可以用方型或磅蛋糕的烤模來烘焙，就可以切
成喜好的大小。

市售商品1塊的
醣類 **15.0**g
熱量 **205**kcal

1塊的
醣類 **3.3**g
熱量 **119**kcal

（直徑5cm的瑪德蓮烤模8個份）

可可含量86%或88%的巧克力…10g
純烤胡桃（無添加鹽）…20g
雞蛋…2顆

A
┌ 黑糖…5g
│ 羅漢果代糖…45g
│ 牛奶…50g
└ 植物油…30g

B
┌ 可可粉（無糖）…20g
│ 杏仁粉…40g
│ 高筋麵粉…10g
└ 發粉…5g

製作方法

1　將巧克力和胡桃切碎。

2　將雞蛋打入調理盆中，將A加入其中並用打蛋器均勻攪拌。

3　乳化後將B篩入其中，同時也加入巧克力均勻攪拌。

4　攪拌至沒有粉狀殘留後，倒入烤模中至八分滿為止，然後撒上胡桃。

5　將烤模放上烤盤，放入預熱至160度的烤箱當中，烘焙20～25分鐘。

*Point

將巧克力仔細切碎，在將粉類材料撒上之後加入其中。

用打蛋器將材料攪拌至均勻混合為止。

隨身甜點

*idea

將甜點放入紙袋當中，開口的部分向下反摺，並包裝繩固定，最後繫上裝飾繩便完成。

使用能夠了解含醣量與熱量的巧克力

明智出產的「可可含量為86%的巧克力」一片當中每5g便含1.05g的醣類、28.9kcal的熱量。森永製菓出產的「Carré de chocolat（88%巧克力）」一片當中每4.8g便含1g的醣類、27kcal的熱量。是含醣量和熱量較低的巧克力種類（記載於官方網站），若要使用巧克力的話可從兩種當中選用。

布朗迪
Blondies

與布朗尼不同，帶有金黃色澤是名字的由來。帶有芝麻的香味是其魅力所在。

市售商品1塊的
醣類 **12.6**g
熱量 **137**kcal

1塊的
醣類 **3.1**g
熱量 **127**kcal

 （直徑5cm的瑪德蓮烤模 8 個份）

雞蛋…2顆

A
- 蜂蜜…10g
- 羅漢果代糖…35g
- 牛奶…50g
- 白芝麻醬…20g
- 植物油…25g

B
- 凍豆腐粉…20g
- 杏仁粉…40g
- 高筋麵粉…10g
- 發粉…5g

炒白芝麻…10g

1 　將雞蛋打入調理盆中，將A加入其中並用打蛋器均勻攪拌。

2 　乳化後將B篩入其中，同時也加入芝麻均勻攪拌。

3 　攪拌至沒有粉狀殘留後，倒入烤模中至八分滿為止，然後將烤模放上烤盤。

4 　放入預熱至160度的烤箱當中，烘焙20～25分鐘。

*Point

加入芝麻後仔細攪拌。因為只使用少許高筋麵粉，麩質（幫助甜點膨脹的成分）也較少，因此需要用打蛋器充分且均勻的攪拌。

不同的烤箱在加熱上都有不同的特性，因此烘焙途中可以改變烤盤的方向，讓烘焙的火力更加均衡。

烘焙巧克力
Baked Chocolate

雖說沒有使用巧克力，但依然是巧克力甜點。
根據烘焙時間的長短，能呈現出綿密、
或是酥脆兩種口感。

 材料 （船型或圓形的瑪德蓮烤模5個份）

雞蛋…1顆

A
- 黑糖…5g
- 羅漢果代糖…35g
- 牛奶…30g
- 植物油…20g

可可粉（無糖）…30g
白蘭地…2小匙

 製作方法

1 將雞蛋打入調理盆中，將A加入其中並用打蛋器均勻攪拌。

2 乳化後將可可粉篩入其中均勻攪拌。

3 攪拌至沒有粉狀殘留後，加入白蘭地並攪拌。

4 將第**3**步驟的半成品倒入烤模中至八分滿為止，然後將烤模放上烤盤。

5 放入預熱至160度的烤箱當中，烘焙13～19分鐘。13分鐘可呈現出濕潤口感，而19分鐘則可呈現出酥脆的口感。

*Point

可可粉請務必要選擇無糖的，用邊撒邊加入其中的方式可以避免結塊發生，也可以使其帶有空氣帶出輕盈口感。若比較不喜歡苦味的話，可以將份量減少至25g。

隨身甜點

*idea

將甜點放入起司的空盒當中，然後用塑膠繩打結綁住，非常環保的裝飾，好好運用可愛的空盒子吧！

紅茶瑪德蓮
Madeleine

直接加入細碎的茶葉，因此每口咬下時濃郁的香
味都會在口中躍然而出。

材料 （直徑6cm的瑪德蓮烤模9個份）

紅茶茶包 2個（4g）

★本次使用伯爵茶。可選擇自己喜好的種類。

雞蛋…2顆

A ┌ 蜂蜜…5g
  │ 羅漢果代糖…45g
  │ 牛奶…30g
  └ 植物油…40g

B ┌ 豆渣粉…10g
  │ 杏仁粉…40g
  │ 高筋麵粉…10g
  └ 發粉…5g

 製作方法

1　從茶包中取出茶葉。

2　將雞蛋打入調理盆中，將A加入其中並用打蛋器均勻攪拌。

3　乳化後將B篩入其中，同時也加入第1步驟的茶葉均勻攪拌。

4　攪拌至沒有粉狀殘留後，倒入烤模中至八分滿為止，然後將烤模放上烤盤。

5　放入預熱至160度的烤箱當中，烘焙14～18分鐘。

*Point

從茶包中取出茶葉。這次使用香氣濃郁的伯爵茶。若茶葉太大片的話可用菜刀切碎。

雞蛋和A用打蛋器仔細混合，直到出現白色乳化後，將B撒上並加入茶葉仔細攪拌。

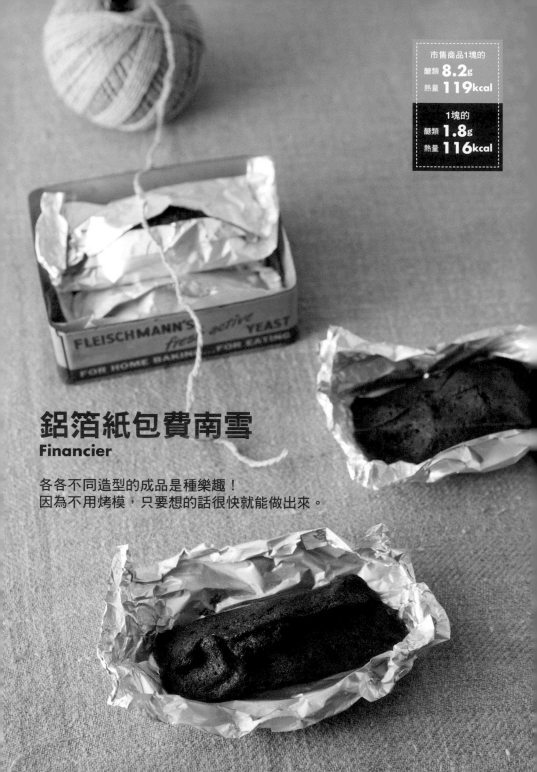

鋁箔紙包費南雪
Financier

各各不同造型的成品是種樂趣！
因為不用烤模，只要想的話很快就能做出來。

材料 （6個份）

奶油（無添加鹽）…40g

蛋白…2顆份（約65～75g）

A ┌ 黑糖…5g
  │ 羅漢果代糖…25g
  └ 即溶咖啡…5g

B ┌ 杏仁粉…30g
  └ 凍豆腐粉…15g

製作方法

1 將鋁箔紙剪下三片各15cm的長度，並且各自對半橫切變成六片。若使用普通的鋁箔紙的話需要在預計放上麵團的該面塗上一層薄薄的油。

2 將奶油放入微波爐中加熱40秒使其融化。

3 將蛋白放入調理盆中攪拌，將A和第**2**步驟的奶油加其中並用打蛋器攪拌至乳化。

4 將B篩入其中，攪拌至沒有粉狀殘留為止。

5 將麵團放置於鋁箔紙的中央後，用鋁箔紙包起麵團並放上烤盤。

6 放入預熱至160度的烤箱當中，烘焙17～22分鐘。

*Point

將為了防止沾黏、經過矽利康單面加工過的鋁箔紙剪下三片各15cm的長度，並且各自對半橫切變成六片。若使用普通的鋁箔紙的話需要在預計放上麵團的該面塗上一層薄薄的油。

將蛋白放入調理盆中攪拌，將黑糖、羅漢果代糖、即溶咖啡、用微波爐加熱過融化的奶油加入其中仔細攪拌。

根據寬度將等份的麵團放上鋁箔紙，從長度較長的邊往回反摺。接著將短邊也各自反摺。不要反摺太多次，因為在烘焙完成後中間的麵團會膨脹有時候甚至會探頭而出，看起來格外惹人憐愛。

無油
優格馬芬
Yogurt Muffins

因使用了大量的優格擁有綿密口感，
並帶出清爽風味。

市售商品1塊的
醣類 **22.6**g
熱量 **126**kcal

1塊的
醣類 **5.1**g
熱量 **104**kcal

材料 （直徑5.5cm的馬芬烤模6個份）

雞蛋…2顆

A
- 原味優格…100g
- 黑糖…5g
- 羅漢果代糖…40g
- 牛奶…15g

B
- 豆渣粉…15g
- 杏仁粉…40g
- 高筋麵粉…20g
- 發粉…5g

隨身甜點

*idea

放入OPP袋中打上個蝴蝶結就完成了。OPP袋可以在百元商店或雜貨店中購入。

 製作方法

1 將雞蛋打入調理盆中，將A加入其中並用打蛋器均勻攪拌。

2 乳化後將B篩入其中均勻攪拌。

3 攪拌至沒有粉狀殘留後，倒入烤模中至八分滿為止，然後將烤模放上烤盤。

4 放入預熱至160度的烤箱當中，烘焙20～25分鐘。

*Point

加入優格若經過一段時間便很容易分離，因此在攪拌均勻後要迅速進行下一階段是一大重點。

透過將粉類材料先混合再撒上，會更容易混合均勻。最後若還有粉類殘留在篩子上的話可以將其反轉過來全部加入其中。

若有馬芬烤盤的話，將烤模放入其中來進行烘焙的話，膨脹度會更佳。

滿載藍莓！
無油的優格馬芬
Yogurt Muffin with Blueberry

 材料 （直徑5.5cm的馬芬烤模6個份）

雞蛋…2顆

A
- 羅漢果代糖…45g
- 牛奶…15g
- 原味優格…100g

B
- 豆渣粉…15g
- 杏仁粉…40g
- 高筋麵粉…20g
- 發粉…5g

藍莓（冷凍或新鮮）…25g

 製作方法

1 將雞蛋打入調理盆中，將A加入其中並用打蛋器均勻攪拌。

2 乳化後將B篩入其中均勻攪拌。

3 攪拌至沒有粉狀殘留後，倒入烤模中至八分滿為止，然後撒上藍莓。

4 將第**3**步驟的半成品放上烤盤。放入預熱至160度的烤箱當中，烘焙20～25分鐘。

將壓抑了甜味的麵團搭配上藍莓的香甜製成的美味甜點。

市售商品1塊的
糖質 **27.4g**
熱量 **128kcal**

1塊的
糖質 **4.8g**
熱量 **104kcal**

無油的
優格檸檬馬芬
Yogurt Lemon Muffin

（直徑5.5cm的馬芬烤模6個份）

檸檬…1/2顆（果肉45g）

黑糖…5g

雞蛋…2顆

A
- 羅漢果代糖…40g
- 牛奶…15g
- 原味優格…100g

B
- 豆渣粉…15g
- 杏仁粉…40g
- 高筋麵粉…20g
- 發粉…5g

製作方法

1 將檸檬的厚皮剝去並去籽，準備好45g的果肉。將檸檬細切成3～4mm大小，將檸檬碎丁放入較大的耐熱調理盆後加入黑糖。不用蓋上保鮮膜直接加熱兩分鐘，完成後盡速攪拌後放涼。

2 將雞蛋打入調理盆中，將A加入其中並用打蛋器均勻攪拌。

3 乳化後將B篩入其中均勻攪拌。

4 攪拌至沒有粉狀殘留後，將第**1**步驟的半成品先加入一半的份量並攪拌。

5 將第**4**步驟的半成品倒入烤模中至八分滿為止，然後撒上第**1**步驟剩下的半成品。

6 將第**5**步驟的半成品放上烤盤。放入預熱至160度的烤箱當中，烘焙20～25分鐘。

市售商品1塊的	
醣類	**11.6**g
熱量	**138**kcal

1塊的	
醣類	**5.7**g
熱量	**109**kcal

可以毫無保留的品嘗檸檬清爽的酸味。

黃豆馬芬
Soybean Flour Muffin

因黃豆粉所含的醣類稍多的緣故，
本甜點將使用同樣由黃豆加工而成，並且醣類含量較低
的凍豆腐粉來做部分替代。

市售商品1塊的
醣類 **11.1**g
熱量 **152**kcal

1塊的
醣類 **4.5**g
熱量 **140**kcal

材料 （直徑5.5cm的馬芬烤模6個份）

雞蛋…1顆

A
┌ 蜂蜜…5g
│ 羅漢果代糖…40g
│ 牛奶…80g
└ 植物油…35g

B
┌ 黃豆粉…30g
│ 凍豆腐粉…30g
│ 高筋麵粉…20g
└ 發粉…5g

製作方法

1 　將雞蛋打入調理盆中，將A加入其中並用打蛋器均勻攪拌。

2 　乳化後將B篩入其中均勻攪拌。

3 　攪拌至沒有粉狀殘留後，倒入烤模中至八分滿為止。

4 　將第**3**步驟的半成品放上烤盤，之後放入預熱至160度的烤箱當中，烘焙12～15分鐘，之後將溫度下降至150度再次烘焙6～10分鐘。

隨身甜點

*idea

用紙袋或保鮮膜將馬芬包起來，接著再用較大的布包起，並輕輕打上個結。不管是要帶去找朋友還是上班都非常適合。

*Point

將高筋麵粉的用量減少的話，味道也會更好。然後將黃豆粉與凍豆腐粉混合後一起撒上，就可打造出飽含膳食纖維的麵團。

用攪拌器仔細攪拌，因為高筋麵粉的量較少的緣故，麩質含量會較少導致麵團膨脹的力道較為不足，因此必須仔細攪拌麵團。

將麵團倒入馬芬烤模中至八分滿為止。因為膨脹度並不會很高，因此倒到八分滿也是沒問題的。

可可馬芬
Cocoa Muffin

本道甜點是黃豆粉馬芬的口味變化版本，藉由添加可可來蓋過黃豆粉特有的味道。

市售商品1塊的	
醣類	**21.2**g
熱量	**162**kcal

1塊的	
醣類	**4.4**g
熱量	**129**kcal

Give somebody a warm welcome
An old tradition **Antiquarian** Hea
They follow time-honored traditions Le bon vi

材料　（直徑5.5cm的馬芬烤模6個份）

雞蛋…1顆

A
- 蜂蜜…5g
- 羅漢果代糖…45g
- 牛奶…80g
- 植物油…35g

B
- 黃豆粉…30g
- 凍豆腐粉…10g
- 可可粉（無糖）…20g
- 高筋麵粉…20g
- 發粉…5g

製作方法

1　將雞蛋打入調理盆中，將A加入其中並用打蛋器均勻攪拌。

2　乳化後將B篩入其中均勻攪拌。

3　攪拌至沒有粉狀殘留後，將第**2**步驟的半成品倒入烤模中至八分滿為止。

4　將第**3**步驟的半成品放上烤盤，之後放入預熱至160度的烤箱當中，烘焙12～15分鐘，之後將溫度下降至150度再次烘焙6～10分鐘。

日本茶馬芬
Tea Muffin

 材料（直徑5.5cm的馬芬烤模6個份）

雞蛋…1顆

A
- 蜂蜜…5g
- 羅漢果代糖…45g
- 牛奶…80g
- 植物油…35g

B
- 黃豆粉…30g
- 凍豆腐粉…20g
- 粉茶（參考p.94）…10g
- 高筋麵粉…20g
- 發粉…5g

 製作方法

1 將雞蛋打入調理盆中，將A加入其中並用打蛋器均勻攪拌。

2 乳化後將B篩入其中均勻攪拌。

3 攪拌至沒有粉狀殘留後，將第**2**步驟的半成品倒入烤模中至八分滿為止。

4 將第**3**步驟的半成品放上烤盤，之後放入預熱至160度的烤箱當中，烘焙12～15分鐘，之後將溫度下降至150度再次烘焙6～10分鐘。

市售商品1塊的	
醣類	**21.0**g
熱量	**161**kcal

1塊的	
醣類	**4.5**g
熱量	**137**kcal

一切開，濃郁的綠色蛋糕中，散發出陣陣茶香。

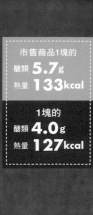

市售商品1塊的	
醣類	**5.7**g
熱量	**133**kcal

1塊的	
醣類	**4.0**g
熱量	**127**kcal

鹽味馬芬
Salty Muffin

因為是不甜的馬芬蛋糕，適合
當作早午餐或是配酒的小點。

材料 （直徑5.5cm的馬芬烤模6個份）

雞蛋…1顆

A
- 美奶滋…30g
- 起司粉…10g
- 羅漢果代糖…10g
- 牛奶…10g

嫩豆腐…100g

B
- 杏仁粉…40g
- 豆渣粉…10g
- 高筋麵粉…20g
- 發粉…5g

 製作 方法

1 將雞蛋打入調理盆中，將A與豆腐加入其中並用打蛋器均勻攪拌至豆腐打散為止。

2 乳化後將B篩入其中均勻攪拌。

3 攪拌至沒有粉狀殘留後，倒入烤模中至八分滿為止。然後依照喜好從上方輕輕撒下粗鹽。

4 然後將第**3**步驟的半成品放上烤盤，之後放入預熱至160度的烤箱當中，烘焙18～25分鐘。

*Point

豆腐用湯匙等工具，分多次加入其中。

為了讓豆腐能打散均勻，用打蛋器均勻攪拌。

粉類篩入其中，最後若還有粉殘留在篩子上的話可以將其反轉過來全部加入其中。並仔細攪拌均勻。

香料&起司馬芬
Herb & Cheese Muffin

用輕柔香氣的香料帶出起司的風味。
撒上胡椒或辣椒粉則可做出成人的風味。

市售商品1塊的	
醣類	**5.7**g
熱量	**144**kcal

1塊的	
醣類	**4.0**g
熱量	**138**kcal

Vieilles traditions de France
antiqua
Confection de robes. Machine
You can see the traces of the old days ever

材料 （直徑5.5cm的馬芬烤模6個份）

加工乳酪(Processed Cheese)…20g
雞蛋…1顆

A
　美奶滋…30g
　起司粉…10g
　羅漢果代糖…10g
　牛奶…10g

嫩豆腐…100g

B
　杏仁粉…40g
　豆渣粉…10g
　高筋麵粉…20g
　發粉…5g

乾燥百里香（羅勒、香芹也可以）
　…1/2大匙

製作方法

1　將起司切成7～8mm的丁狀。

2　將雞蛋打入調理盆中，將A與豆腐加入其中並用打蛋器均勻攪拌至豆腐打散為止。

3　乳化後將B篩入其中，然後加入百里香後均勻攪拌。

4　攪拌至沒有粉狀殘留後，倒入烤模中至八分滿為止。然後撒上第**1**步驟的起司。

5　然後將第**4**步驟的半成品放上烤盤，之後放入預熱至160度的烤箱當中，烘焙18～25分鐘。

法式鹹蛋糕
Petit Cake Salé

帶有高雅的鹹味，推薦在正餐時享用。
請放上喜歡的蔬菜吧。

市售商品1塊的	
醣類	**6.2**g
熱量	**153**kcal

1塊的	
醣類	**4.5**g
熱量	**147**kcal

材料（小磅蛋糕烤模或直徑6cm 的馬芬烤模6個份）

迷你小番茄…50g
黑橄欖…6顆（20g）
培根…1片（20g）
雞蛋…1顆

A
├ 美奶滋…30g
├ 起司粉…10g
├ 羅漢果代糖…10g
└ 牛奶…10g

嫩豆腐…100g

B
├ 杏仁粉…40g
├ 豆渣粉…10g
├ 高筋麵粉…20g
└ 發粉…5g
　胡椒…少許

製作方法

1 將迷你番茄、橄欖橫切成圓形，並將培根細切成3～4mm大小。

2 將雞蛋打入調理盆中，將A與豆腐加入其中並用打蛋器均勻攪拌至豆腐打散為止。

3 將B篩入其中，將一半的培根、胡椒加入其中，攪拌至沒有粉狀殘留為止。

4 將麵團倒入烤模中至八分滿為止。撒上迷你番茄、橄欖、剩下的培根，放入預熱至160度的烤箱當中，烘焙18～25分鐘。一照喜好撒上蘿勒的葉子和胡椒。

起司風味蒸蛋糕
Cheese Steamed Cake

享受蓬鬆口感！
因為僅使用平底鍋蒸成，想到就可以輕鬆做成。

市售商品1塊的
醣類 **27.2**g
熱量 **155**kcal

1塊的
醣類 **2.2**g
熱量 **100**kcal

材料 （直徑6cm的馬德蓮烤模8個份）

奶油起司…80g

A
├ 羅漢果代糖…40g
├ 雞蛋…2顆
├ 蜂蜜…5g
└ 檸檬汁…1小匙

B
├ 凍豆腐粉…35g
├ 杏仁粉…20g
├ 高筋麵粉…10g
└ 發粉…3g

 製作方法

1 預先準備好可蓋上蓋子的平底鍋、大小可中途放上蛋糕的網架，並加入水至不會沾濕網子的高度，用中火加熱。

2 將奶油起司放入耐熱調理盆中，用微波爐加熱20秒使其軟化，並用打蛋器攪拌。

3 變成奶油狀後，加入A均勻攪拌。

4 變得滑順後，將B篩入其中均勻攪拌。

5 攪拌至沒有粉狀殘留後，將麵團倒入烤模中至九分滿為止。等第**1**步驟的熱水煮開後，將烤模放到網架上並蓋上蓋子蒸8分鐘。

*Point

若有的話可使用蒸架，若沒有的話在較深的平底鍋上放上網架（需要具離底部有一小段距離），並加入水至不會沾濕網子的高度，用中火加熱。

等熱水煮開後，將烤模放到網架上並蓋上蓋子蒸8分鐘。若沒辦法一次蒸完的話，先等其冷卻回到室溫，並補足在第一次蒸的時候損失的水分繼續蒸。

隨身甜點

*idea

放入輕鬆可取得的便宜透明容器當中，用可愛的繩子交互綁上緞帶。若在蓋子上蓋上一層蕾絲紙的話更顯少女風情。

柑橘醬風味蒸蛋糕
Marmalade Steamed Cake

 材料 （馬芬烤模8個份）

雞蛋…1顆

A
┌ 牛奶…60g
│ 羅漢果代糖…30g
└ 植物油…10g

B
┌ 凍豆腐粉…30g
│ 杏仁粉…30g
│ 高筋麵粉…10g
└ 發粉…3g

低糖柑橘醬（Marmalade）…15g

使用低糖柑橘醬營造出風味。
搭配上僅有蒸蛋糕才能擁有的
蓬鬆口感。

 製作方法

1 　將雞蛋打入調理盆中，將A加入其中並用打蛋器均勻攪拌。

2 　乳化後將B篩入其中均勻攪拌。

3 　攪拌至沒有粉狀殘留後，倒入烤模。因為麵團很柔軟的緣故，要選用較為堅硬的模具，若是較不堅固的模具則可放入淺茶碗（或布丁烤模等）容器中支撐著烤模並一起放進去蒸。麵糊倒入烤模中至八分滿為止，在上面添上柑橘醬。

4 　用蒸具或在平底鍋中架上網架並加水煮沸（參考p.37）。將第**3**步驟的半成品放於其上，蓋上鍋蓋蒸10分鐘。若沒辦法一次蒸完的話，先等其冷卻回到室溫再繼續蒸即可，最後依喜好用薄荷葉裝飾。

市售商品1塊的	
糖質	**9.9**g
熱量	**127**kcal

1塊的	
糖質	**3.5**g
熱量	**103**kcal

馬來糕風味甜點
Ma lai gao

源於中國的一種蒸蛋糕，雖使用了大量的豬油，
在這邊則使用雞蛋和奶油帶出獨特風味。

材料 （馬芬烤模6個份）

奶油（不用鹽）…40g
雞蛋…2顆

A
┌ 牛奶…15g
│ 羅漢果代糖…40g
└ 黑糖…5g

B
┌ 凍豆腐粉…20g
│ 杏仁粉…30g
│ 高筋麵粉…20g
└ 發粉…3g

製作方法

1 將奶油放入耐熱容器中，用微波爐加熱30秒使其軟化。

2 將雞蛋打入調理盆中，將A加入其中並用打蛋器攪拌，然後加入第**1**步驟的半成品仔細攪拌。

3 乳化後將B篩入其中均勻攪拌。

4 攪拌至沒有粉狀殘留後，倒入烤模。因為麵糊很柔軟的緣故，要選用較為堅硬的模具，若是較不堅固的模具則可放入淺茶碗（或布丁烤模等）容器中支撐著烤模並一起放進去蒸。麵糊倒入烤模中至八分滿為止。

5 用蒸具或在平底鍋中架上網架並加水煮沸（參考p.37）。將第**4**步驟的半成品放於其上，蓋上鍋蓋蒸10分鐘。若沒辦法一次沒有蒸完的話，先等其冷卻回到室溫再繼續蒸即可。

大理石起司蛋糕
Marble Cheesecake

份量雖小，但能靠飽含著的濃厚奶油起司，
緊抓住享用者的心。

 材料 （小磅蛋糕烤模5個份）

奶油起司…150g

A
┌ 雞蛋…1顆
│ 原味優格…50g
│ 羅漢果代糖…35g
│ 蜂蜜…5g
└ 檸檬汁…1小匙

豆渣粉…10g

可可粉（無糖）…5g

 製作方法

1 將奶油起司放入耐熱調理盆中，用微波爐加熱30秒使其軟化，並用打蛋機攪拌。

2 呈現奶油狀後，加入A仔細攪拌。

3 等攪拌到滑順狀後，加入豆渣粉仔細攪拌。

4 攪拌至沒有粉狀殘留後，取出60g。然後加入可可粉，攪拌至沒有結塊。

5 將烤模放在烤盤上，將白色的麵團等分放入，然後用茶匙舀出2～3份可可麵團加入每個烤模中。用筷子或竹籤畫圓攪拌，做出大理石紋路。

6 將第**5**步驟的半成品放入預熱至160度的烤箱當中，烘焙18～20分鐘。

*Point

將麵團攪拌至柔順後，分出60g裝在小容器中，然後加入可可粉仔細攪拌。

將原味的麵團分成五等份放入烤模當中，然後用茶匙舀出2～3份可可麵團加入每個烤模中。用筷子或竹籤畫圓攪拌，做出大理石紋路。

市售商品1塊的
醣類 **12.7**g
熱量 **141**kcal

1塊的
醣類 **2.4**g
熱量 **139**kcal

舒芙蕾起司蛋糕
Sufure Cheesecake

入口即化的蓬鬆口感讓人印象深刻。
等冷卻之後再撒上西梅乾、細菜香芹做裝飾，即
可搖身一變成漂亮小禮物。

市售商品1塊的
醣類 **11.3**g
熱量 **159**kcal

1塊的
醣類 **2.7**g
熱量 **119**kcal

材料 （直徑5cm的馬芬烤模4個份）

奶油起司…100g

A
- 雞蛋…1顆
- 羅漢果代糖…10g
- 蜂蜜…5g
- 檸檬汁…1小匙

B
- 豆渣粉…5g
- 高筋麵粉…5g

C
- 蛋白…1顆份
- 羅漢果代糖…10g

製作方法

1 將奶油起司放入耐熱容器中，用微波爐加熱30秒左右使其軟化，之後用打蛋器攪拌。

2 攪拌成鮮奶油狀後，加入A並仔細攪拌。

3 將3篩入其中，攪拌至沒有粉狀結塊殘留為止。

4 將C放入另外一個調理盆中，用手持式電動攪拌機打發，製作蛋白霜。

5 將第4步驟的蛋白霜分兩次加入第3步驟的麵團中，用刮刀盡速攪拌後倒入烤模中至七分滿為止。降溫後麵團會有塌陷的狀況，因此請使用較為堅固的紙模具。

6 將烤盤鋪上兩層廚房紙巾，並將第5步驟的烤模放上烤盤，然後輕輕蓋上鋁箔紙。放入預熱至150度的烤箱當中烘焙15分鐘後，將鋁箔紙取出再烘焙10～13分鐘。根據烤箱的不同，鋁箔紙可能會有飄起或位移的狀況，可以用耐熱杯等物壓住鋁箔紙的角落。等甜點冷卻後搭配上喜好並切過的西梅乾與細菜香芹。

註）無籽西梅乾1個（10g）的含醣量為5.5g、熱量為24kacl。

*Point

將奶油起司不蓋上保鮮膜直接用微波爐加熱，之後用打蛋器攪拌成鮮奶油狀，加入A部分的食材。

將蛋白與羅漢果代糖用手持式電動攪拌機攪拌，做出結實的蛋白霜，之後分兩次加入麵團當中，用上下翻拌的方式攪拌。

想要讓麵團在烘焙時膨脹，因此要在烤盤上先鋪上兩張廚房紙巾再放上烤模。在火附近就會變得更為柔軟。然後，上方也蓋上鋁箔紙。

戚風蛋糕
Chiffon Cake

因為不需要切，適合初做甜點的新手。
擁有輕柔的質地與入口即化的口感。

材料 （馬芬烤模6個份）

```
  ┌ 蛋黃…1顆份
  │ 羅漢果代糖…10g
A │ 黑糖…5g
  │ 牛奶…15g
  └ 植物油…15g
  ┌ 檸檬汁…1小匙
B │ 蛋白…2顆份
  └ 羅漢果代糖…20g
  ┌ 高筋麵粉…10g
C │ 杏仁粉…15g
  └ 發粉…2g
```

製作 方法

1 　將A放入調理盆中用打蛋器攪拌至乳化為止。

2 　將B放入另外一個調理盆中，用手持電動攪拌機打發。撈起後可形成尖角後，加入1/3第**1**步驟的蛋白霜，並用橡膠刮刀仔細攪拌。

3 　將C篩入其中第**2**步驟的半成品當中，攪拌至沒有粉狀殘留為止。

4 　將剩下的蛋白霜分兩次加到第**3**步驟的半成品中，用刮刀上下用力翻拌。

5 　將第**4**步驟的半成品倒入烤模中至七分滿為止，並輕輕敲擊讓其表面變平，之後放上烤盤。降溫後麵團會有塌陷的狀況，因此請使用較為堅固的紙模具。

6 　將第**5**步驟的烤盤放入預熱至160度的烤箱當中烘焙10分鐘後，將溫度調降至150度再烘焙15～20分鐘。

*Point

將蛋白霜取出1/3量，與麵團混合攪拌。如此一來，之後再加進去的粉類或蛋白霜就可以輕鬆混合。

加入蛋白霜的時候為了避免打發的蛋白消泡請迅速切拌。在切拌時邊轉動調理盆，邊把麵團從底部翻上來。

將烤模在桌上敲一下，讓麵團的表面變得平整後再放上烤盤。

芝麻司康
Sesame Scone

司康酥脆的口感搭配上芝麻的口感簡直就是絕配。
是一款濕潤順口的司康。

隨身甜點

*idea

將司康放入稍微大一點的
塑膠容器（使用果凍或餅
乾的容器保存即可），之
後蓋上保鮮膜，用毛線打
上緞帶即可。

材料 （6個份）

```
      ┌ 雞蛋…1顆
      │ 茅屋起司…50g
      │ 植物油…20g
   A  │ 羅漢果代糖…20g
      │ 蜂蜜…5g
      │ 牛奶…15g
      └ 鹽巴…少許
      ┌ 豆渣粉…25g
      │ 高筋麵粉…20g
   B  │ 杏仁粉…40g
      └ 發粉…5g
   炒白芝麻…10g
```

製作方法

1　將A放入調理盆中，用打蛋器仔細攪拌。

2　攪拌至滑順狀後將B用灑的方式加入其中，然後加入芝麻仔細攪拌

3　攪拌至沒有粉狀殘留，可以集結成型後，將切成大塊狀烘焙紙取出並放上麵團。

4　將切成大塊狀的保鮮膜蓋在麵團上，用擀麵棍輕輕敲打將其延展成12cm的方型。之後用菜刀切成兩半並兩塊疊起來。再次包上保鮮膜，用擀麵棍輕輕敲打將其形成2cm厚的四方型，然後用菜刀切成6等份。

5　將第**4**步驟的半成品連同烘焙紙一起放上烤盤，放入預熱至150度的烤箱當中烘焙16～20分鐘。

*Point

加入了大量的炒白芝麻，營造出濃郁的香氣。

用擀麵棍輕輕敲打將麵團延伸成12cm的方型。之後切半並重疊起來。

再用擀麵棍輕輕敲打，形成2cm厚的四方型，用刀子切成6等份。

紅豆司康
Azuki bean Scone

材料 （6個份）

A
┌ 雞蛋…1顆
│ 茅屋起司…50g
│ 植物油…20g
│ 羅漢果代糖…20g
│ 蜂蜜…5g
│ 牛奶…15g
└ 鹽巴…少許

B
┌ 豆渣粉…25g
│ 高筋麵粉…20g
│ 杏仁粉…40g
└ 發粉…5g
水煮紅豆（無糖）…35g

製作方法

1　將A放入調理盆中，用打蛋器仔細攪拌。

2　攪拌至滑順狀後將B用灑的方式加入其中，然後加入水煮紅豆仔細攪拌

3　攪拌至沒有粉狀殘留，用手輕輕地把麵團搓成圓球狀。在烤盤上鋪上烘焙紙並將麵團放上。請注意若太用力的搓揉麵團的話，在烘焙完的成品會變得堅硬。

4　將第**3**步驟的半成品連同烤盤，放入預熱至150度的烤箱當中烘焙16～20分鐘。

一口咬下，
紅豆的香甜在嘴中擴散
開來。

市售商品1塊的
醣類 **20.3**g
熱量 **130**kcal

1塊的
醣類 **5.2**g
熱量 **136**kcal

番茄&蘿勒茅屋起司司康
Tomato bagel Scone

市售商品1塊的
醣類 **5.6**g
熱量 **90**kcal

1塊的
醣類 **3.4**g
熱量 **86**kcal

帶有番茄顏色的愛心形狀讓人印象深刻,是一種降低甜度的司康。

 材料（直徑5cm的心型烤模9個份）

雞蛋…1顆
茅屋起司…50g
植物油…20g
A 羅漢果代糖…20g
蜂蜜…5g
牛奶…15g
番茄醬…1大匙（18g）
鹽巴…少許

豆渣粉…25g
B 高筋麵粉…20g
杏仁粉…40g
發粉…5g

乾燥蘿勒…1/2大匙
★若無法取得的話沒有也沒關係。

製作方法

1 將A放入調理盆中,用打蛋器仔細攪拌。

2 攪拌至滑順狀後將B用灑的方式加入其中,然後加入乾燥蘿勒仔細攪拌。

3 攪拌至沒有粉狀殘留,可以用手集結成型後,將切成大塊狀烘焙紙取出並放上麵團。

4 將切成大塊狀的保鮮膜蓋在麵團上,用擀麵棍輕輕敲打將其形成2cm厚任意喜好的形狀,在用心型模具製成心型外觀。剩下的麵團重新上述步驟,敲打並延展成2cm厚再用模句成型。

5 在烤盤鋪上烘焙紙,將第**4**步驟的半成品放上烤盤,然後放入預熱至150度的烤箱當中烘焙16～20分鐘。

優格＆
檸檬軟餅乾
Yogurt Lemon Soft Cookies

放入口中，檸檬的味道隨之擴散，
能連同心情一起清爽起來的餅乾。

材料　（18個份）

A ┌ 原味優格…30g
　│ 植物油…30g
　│ 羅漢果代糖…25g
　│ 黑糖…5g
　└ 檸檬汁…2小匙（10g）

B ┌ 黃豆粉…15g
　│ 杏仁粉…30g
　│ 高筋麵粉…20g
　└ 發粉…2g

日本產檸檬皮黃色的部分
　的碎末 1/2顆份
★沒有也沒關係。

製作方法

1　將A放入調理盆中並用打蛋器均勻攪拌。

2　乳化後將B篩入其中，然後加入檸檬皮碎末仔細攪拌。

3　攪拌至沒有粉狀殘留後，集結成球狀。

4　將裁成大塊狀烘焙紙取出並放上麵團。將其製成9×18cm的長方形，再用菜刀切成18等份。

5　邊用手指輕壓雕塑出型狀，邊放上鋪好烘焙紙的烤盤，最後放入預熱至150度的烤箱當中烘焙15～18分鐘。

*Point

在調理盆中放入植物油、原味優格、羅漢果代糖、檸檬汁，用打蛋器攪拌至乳化為止。

將粉類放入，日本產檸檬先仔細清洗過後只將皮的黃色部分刨成碎末狀加入其中。用以增添風味。而皮的白色部分會呈苦味，因此注意請不要使用。

切下的麵團用手指在上下左右側傾壓，呈現出手指的弧度雕塑出外型。

日本茶芳露
Japanese Tea Cookies

外觀紮實但一口咬下卻有酥脆口感，是「芳露」的特色。
使用了許多杏仁粉、黃豆粉、炒芝麻等富含香氣的材料，
完美融合了日本茶的清爽風味。

市售商品1塊的	
醣類	**5.6**g
熱量	**55**kcal

1塊的	
醣類	**1.4**g
熱量	**47**kcal

材料 （18個份）

A ┌ 植物油…40g
　│ 牛奶…20g
　│ 黑糖…5g
　│ 鹽巴…少許
　└ 羅漢果代糖…25g

B ┌ 高筋麵粉…20g
　│ 杏仁粉…40g
　│ 黃豆粉…10g
　│ 粉茶…5g
　└ 發粉…3g

炒白芝麻…10g

製作方法

1 將A放入調理盆中並用打蛋器均勻攪拌。

2 乳化後將B篩入其中，然後加入檸檬皮碎末仔細攪拌。

3 攪拌至沒有粉狀殘留後，放置於砧板上。用雙手搓揉，將麵團捲成18cm長的圓柱狀，之後從尖端用菜刀切下一個個1cm厚度的麵團。

4 用手稍微調整將外型修飾成圓形後，放在鋪了烘焙紙的烤盤上。放入預熱至130度的烤箱當中烘焙25～28分鐘。

隨身甜點

*idea

在紙箱中鋪上紙巾，接著擺上餅乾。蓋上蓋子並繫上緞帶。可以的話，將乾燥劑與餅乾一起放入塑膠袋中，再放進紙箱中。

*Point

茶的部分使用將日本茶製成粉狀後使用（參照p.94）。要注意確認是否有添加砂糖等物，請使用無添加的粉茶。

將麵團集結後，用雙手邊滾麵團邊將其製成18cm的圓柱狀。

用菜刀切下一個個1cm厚度的麵團，並將邊緣修飾成較為圓潤。

市售商品1塊的
醣類 **25.5**g
熱量 **238**kcal

8分之1塊
醣類 **3.1**g
熱量 **97**kcal

隨身甜點

*idea

將烘焙紙剪成四角型，
然後將奶油酥餅置於其
中後沿對角線摺起。在
邊緣觸貼上紙膠帶後即
完成。

奶油酥餅
Shortbread

使用了餅乾壓模，
可以創造出專屬於自己的特殊設計。

奶油（不添加鹽）…50g

A
豆渣粉…20g
杏仁粉…35g
高筋麵粉…20g
發粉…2g
黑糖…5g
鹽巴…少許
羅漢果代糖…30g

原味優格…10g

製作方法

1 將奶油先切下1cm大小，放入冰箱內直到需要使用為止。

2 將A篩入其中調理盆中與放入奶油。用雙手的指尖將奶油擠扁，然後撒上粉類。之後用指尖或手掌將材料交互摩擦形成細碎狀。

3 加入優格後用手攪拌，之後集結成一團。

*Point

注意不要切太深而切斷，用菜刀輕輕劃過均分成八等份。做出空氣孔洞，可以使用筷子或是餅乾壓模，最後撒上羅漢果代糖。

首先用手掌擠壓，製成圓餅狀。

左手擠壓表面，右手則推側面讓其變圓。

邊緣的龜裂用手指撫平，鋪上保鮮膜，用擀麵棍將表面擀平。

4 將第3步驟的半成品放上裁成烤盤大小的烘焙紙，邊用手掌擠壓，邊將麵團延展成17cm的圓型。這時可以邊90度轉動烘焙紙邊進行。若邊緣產生龜裂可用手指撫平。最後鋪上保鮮膜，用擀麵棍將表面擀平。

5 用菜刀輕輕劃過均分成八等份。可以使用喜好的餅乾壓模或是叉子來做裝飾，將整體戳出氣孔。

6 在表面撒上羅漢果代糖（材料清單外），放入預熱至150度的烤箱當中，烘焙10分鐘。之後將溫度調降至140度，烘焙20～25分鐘。等冷卻後用刀子沿著切痕切下分為八等份。

市售商品1塊的	
醣類	**4.8**g
熱量	**90**kcal

1塊的	
醣類	**1.3**g
熱量	**84**kcal

黑糖冰盒餅乾
muscovado Icebox Cookies

將麵團經過冷卻，便可輕鬆地切下成型的餅乾。
奶油的香氣與鬆軟即化的口感是其特徵。

材料 （21個份）

奶油（不添加鹽）…60g

A ┌ 羅漢果代糖…20g
　└ 黑糖…8g

蛋黃…1顆份

B ┌ 高筋麵粉…20g
　│ 杏仁粉…50g
　│ 凍豆腐粉…20g
　└ 發粉…2g

 製作方法

■奶油需要提早從冰箱中取出，使其回到室溫。

 製作方法

1 等奶油軟化後用橡皮刮刀將其攪拌成鮮奶油狀，之後加入A攪拌均勻。

2 攪拌均勻後將攪拌過後的蛋黃加入其中，然後仔細攪拌。

3 攪拌至滑順後，用撒的方式將B加入其中，然後仔細攪拌。

4 攪拌至沒有粉狀殘留後，用裁成較大張的保鮮膜將第**3**步驟的麵團捲起形成長21cm的圓柱狀。然後使用尺或砧板來協助麵團變成棒狀，並讓切斷面可以呈現3×2cm的長方形。之後放入冰箱中冷卻15分鐘。

5 等冷卻到可以用菜刀切下的堅硬度後，將麵團以1cm厚度切塊，並放在鋪了烘焙紙的烤盤上。放入預熱至150度的烤箱當中烘焙15～18分鐘。

*Point

用保鮮膜包起麵團，並且捲成21cm的圓柱狀。並且讓粗度一致後使用尺或砧板來讓麵團變成長方體。

因為是含奶油量較多的麵團會較為柔軟，所以先放入冰箱使麵團冷卻至菜刀切得下去的堅硬度為止。

因為烘焙時麵團會膨脹，因此麵團排列時要留下間隙。

藍莓餅乾
Blueberry Cookies

以冰盒餅乾製成，
添加了藍梅讓風味更佳。

市售商品1塊的
糖質 **5.3**g
熱量 **60**kcal

1塊的
醣類 **0.7**g
熱量 **26**kcal

 材料 （直徑3.5cm的餅乾烤模40個份）

奶油（不添加鹽）…60g
乾燥藍莓…15g
★因市售商品中有添加糖類的產品，請
選擇無添加的產品。
羅漢果代糖…25g
蛋黃…1顆份

A
- 高筋麵粉…20g
- 杏仁粉…50g
- 凍豆腐粉…20g
- 發粉…2g

準備

■奶油需要提早從冰箱中取出，使其回
到室溫。
■將藍莓先切成小塊狀。

 製作方法

1 將奶油用橡皮刮刀將其攪拌成鮮奶油
狀，之後加入羅漢果代糖攪拌均勻。
2 攪拌均勻後將攪拌過後的蛋黃加入其
中，然後仔細攪拌。
3 攪拌至滑順後，用撒的方式將A加入其
中，然後加入藍莓後仔細攪拌。
4 攪拌至沒有粉狀殘留後，用保鮮膜包起
麵團放入冰箱中冷卻15分鐘。
5 將保鮮膜攤開，上面再鋪一張大張的保
鮮膜，用擀麵棍將麵團擀至2～3mm厚。之
後用喜歡的餅乾壓模脫模成型並放在鋪了烘
焙紙的烤盤上。剩下的麵團集結成一團後重
複上述步驟，擀開麵團並脫膜成型。
6 將第**5**步驟的麵團放入預熱至150度的烤
箱當中烘焙14～16分鐘。

胡桃酥
Walnut Drop Cookies

材料 （24個份）

奶油（不添加鹽）…60g
原味烤胡桃（不添加鹽）…50g

A ┌ 羅漢果代糖…25g
　└ 黑糖…5g

蛋黃…1顆份

B ┌ 高筋麵粉…20g
　│ 杏仁粉…50g
　│ 凍豆腐粉…20g
　└ 發粉…2g

準備

■奶油需要提早從冰箱中取出，
使其回到室溫。
■將胡桃先切成小塊狀。

製作方法

1　將奶油用橡皮刮刀將其攪拌成鮮奶油狀，之後加入A攪拌均勻。

2　攪拌均勻後將攪拌過後的蛋黃加入其中，然後仔細攪拌。

3　攪拌至滑順後，用撒的方式將B加入其中，然後加入胡桃後仔細攪拌。

4　攪拌至沒有粉狀殘留後，用湯匙一個個舀起10g左右的麵團，並用手攤平並搓圓放到烤盤上。若麵團變得太黏難以處理的時候，可以先將麵團放入冰藏庫冷卻15分鐘左右。

5　放入預熱至150度的烤箱當中烘焙15～18分鐘。

因為製作方式十分簡單，
推薦給初次接觸甜點的人。

市售商品1塊的	
糖質	**30.1**g
熱量	**63**kcal

1塊的	
醣類	**1.1**g
熱量	**57**kcal

海苔芝麻
啤酒餅乾棒
Beer Stick

可作為喝啤酒時的下酒菜，鹽味的餅乾棒。

材料 （12條份）

A
- 植物油…30g
- 牛奶…20g
- 羅漢果代糖…10g
- 鹽巴…1g
- 起司粉…10g

B
- 黃豆粉…20g
- 高筋麵粉…15g
- 豆渣粉…10g

C
- 炒白芝麻…2小匙
- 胡椒…1/2小匙
- 海苔…2小匙

製作方法

1 將A放入調理盆中並用打蛋器均勻攪拌。

2 乳化後將B篩入其中，然後加入C後均勻攪拌。

3 攪拌至沒有粉狀殘留後，將麵團放上裁成比烤盤稍大片的烘焙紙，然後蓋上保鮮膜，用擀麵棍將麵團擀開。邊緣出現裂痕時，用手撫平即可。之後擀至24×18cm左右後，用菜刀切成12份。也可以用餅乾壓模脫模成型。

4 連同烘焙紙一起放上烤盤，之後放入預熱至150度的烤箱當中，烘焙14～16分鐘。之後連同烘焙紙一同放涼，然後沿著刀痕將餅乾棒分開。

*Point

因為加入了大量的芝麻、青海苔、胡椒等，烘焙完成後一口咬下嘴中會留下濃郁的味道。

用手掌將麵團推平推開，然後邊用手指調整麵團的形狀，邊撫平邊緣的裂痕。

每2cm的寬度就切出一條刀痕。

黃豆芝麻
佛羅倫汀烤餅
Frorentins

在厚實的餅乾麵團上，
撒下大量的芝麻來烘焙，
是一款豐盛的餅乾。

市售商品1塊的	
糖質	**29.3**g
熱量	**166**kcal

12分之1塊	
醣類	**2.3**g
熱量	**93**kcal

材料（12個份）

A	雞蛋…1顆 植物油…35g 羅漢果代糖…15g 鹽巴…少許
B	杏仁粉…45g 高筋麵粉…20g 黃豆粉…35g
C	植物油…10g 蛋白…5g 羅漢果代糖…10g 黑糖…5g
D	炒白芝麻…10g 炒黑芝麻…10g

製作方法

1 將A加入調理盆中，並用打蛋器均勻攪拌。

2 乳化後將B篩入其中均勻攪拌。

3 攪拌至沒有粉狀殘留後，放在切成烤盤大小的烘焙紙上，將其整理成長方形。蓋上裁成較大的保鮮膜，用擀麵棍將麵團擀開成12×18cm。因為邊緣很容易裂開，邊用手指撫平邊塑型。

4 用叉子開出數個空氣孔洞後放上烤盤。之後放入預熱至150度的烤箱當中，烘焙15～18分鐘。

5 在烘焙期間，將C加入調理盆中，並用打蛋器均勻攪拌。乳化後將D加入其中均勻攪拌。之後平鋪在烘焙完成的第**4**步驟半成品上，放入150度的烤箱當中，烘焙15～17分鐘。

6 將成品放於散熱架上，等完全冷卻後有芝麻的面朝下切成12份。

*Point

趁在烤餅乾的時候，利用時間來製作上方的芝麻餡料，塗上之後再次進行烘焙即可完成香味四溢的餅乾。

香蕉麵包
Banana Bread

很受歡迎的一種蛋糕，
是一種非常適合送給朋友、
也很適合犒賞自己的一道甜點。

Part 2
將大型甜點切小片的食譜

為了容易攜帶，在前面介紹了許多較小型的甜點，
現在介紹稍微大型，但適合切分的甜點食譜。

材料 （磅蛋糕烤模1個份）

原味烤胡桃（無添加鹽巴）…20g

香蕉…1條（果肉100g）

檸檬汁…1小匙

奶油起司…30g

A ┌ 黑糖…5g
  └ 羅漢果代糖…10g

蛋黃…2顆份

B ┌ 高筋麵粉…10g
  │ 杏仁粉…50g
  │ 黃豆粉…10g
  └ 發粉…5g

C ┌ 蛋白…2顆份
  └ 羅漢果代糖…20g

事前準備

■將一半份量的胡桃切碎，剩下的為裝飾用大致切一下。

■將香蕉去皮後用保鮮膜包起來，之後用手碾碎成泥。

■在烤模中鋪上烘焙紙。

 製作方法

1 　將奶油起司打入耐熱容器中，不蓋上保鮮膜直接用微波爐加熱15秒左右使其軟化。，將A加入其中並用打蛋器攪拌，之後再加入蛋黃均勻攪拌。

2 　攪拌至滑順狀後，加入香蕉和檸檬汁，之後用像膠刮刀均勻攪拌。

3 　攪拌均勻後將B篩入其中，之後放入胡桃攪拌至沒有粉狀殘留為止。

4 　將C放入另外一個調理盆中，用手持電動攪拌機製作蛋白霜。持續打發至撈起後可成尖角狀，然後加入1/3量的第**3**步驟半成品，之後用打蛋器仔細攪拌。攪拌均勻後將剩下的蛋白霜分兩次加入其中，為了避免打發的蛋白消泡請迅速切拌。

5 　將麵糊倒入烤模中，灑上裝飾用的胡桃。將烤模放置於烤盤上，然後放入預熱至160度的烤箱當中，烘焙20分鐘。然後將溫度下調至150度，烘焙20～25分鐘。

6 　將成品從烤模中取出，連同紙模一起放在散熱架上冷卻，等冷卻之後將紙與甜點分離。

*Point

將胡桃一半切成碎片狀，在B的粉類用撒的加入麵糊中後放入胡桃，之後仔細攪拌。

先僅加入1/3的蛋白霜仔細攪拌，透過這種方式可以使接下來蛋白霜更加容易完美混合。

將麵糊倒入烤模中，灑上裝飾用的胡桃。

薑味麵包
Ginger Bread

使用了薑因此擁有較刺激的味道，
請好好享受它蓬鬆的口感吧。

材料 （磅蛋糕烤模1個份）

奶油（無添加鹽）…60g

A ┌ 羅漢果代糖…25g
  └ 黑糖…5g

蛋黃…2顆份

嫩豆腐…100g

B ┌ 黃豆粉…25g
  │ 高筋麵粉…20g
  │ 薑粉…1小匙
  └ 發粉…5g

C ┌ 蛋白…2顆份
  └ 羅漢果代糖…20g

薑粉
將生薑乾燥過後磨成粉狀，比起生薑香氣較弱但辣味較強。

事前準備

■奶油需要提早從冰箱中取出，使其回到室溫。

■在烤模中鋪上烘焙紙。

製作方法

1 將奶油用橡皮刮刀打成蓬鬆的糊狀，將A和蛋黃加入其中並用打蛋器均勻攪拌。

2 攪拌至鮮奶油狀後，加入豆腐均勻攪拌。然後將B篩入其中，攪拌至沒有粉狀殘留為止。

3 將C放入另外一個較小的調理盆中，用手持電動攪拌機製作蛋白霜。持續打發至撈起後可成尖角狀。

4 然後將1/3量的第**3**步驟蛋白霜加入第**2**步驟的麵糊當中，之後用打蛋器仔細攪拌。將剩下的蛋白霜分兩次加入其中，為了避免打發的蛋白消泡請迅速切拌之後倒入烤模。

5 將第**4**步驟的烤模放置於烤盤上，然後放入預熱至150度的烤箱當中，烘焙40～50分鐘。然後將成品從烤模中取出，連同紙模一起放在散熱架上冷卻，等冷卻之後將紙與甜點分離。

★若無法取得薑粉的話，可改加入1小匙的檸檬汁，即可搖身一變成為美味的檸檬磅蛋糕。

*Point

藉由加入豆腐讓口感更加紮實，請攪拌到看不到固態的豆腐為止。

將材料清單當中B的粉類混合後篩入其中，麵糊會變得更容易混合均勻與蓬鬆。

蛋白霜的部分，先將1/3量加入麵糊當中仔細攪拌，之後再加入剩下的蛋白霜會更容易完美混合。

蓬鬆可可蛋糕
Cocoa Cake

雖然製作方法簡單，
卻可以吃出巧克力富含深度的一種蛋糕。

市售商品1塊的	
糖質	**18.7**g
熱量	**120**kcal

8分之1塊	
糖質	**3.5**g
熱量	**119**kcal

可可含量86%或88%的巧克力
（參考p.93）…20g
雞蛋…2顆

A
- 黑糖…5g
- 羅漢果代糖…45g
- 牛奶…50g
- 植物油…30g

B
- 可可粉（無添加糖）…25g
- 杏仁粉…40g
- 高筋麵粉…10g
- 發粉…5g

事前準備

■ 在烤模中鋪上烘焙紙。
■ 將巧克力用手扳碎，大致上分成塊狀。

製作方法

1 將雞蛋打入調理盆中攪拌，然後將A加入其中並用打蛋器均勻攪拌。

2 乳化後將B篩入其中，將巧克力放入一半的量，然後用刮刀均勻攪拌。

3 攪拌至沒有粉狀殘留後，倒入烤模中將表面整平後灑上剩下的巧克力。

4 將第**3**步驟的烤模放上烤盤，放入預熱至160度的烤箱當中，烘焙45～50分鐘。

5 然後將成品從烤模中取出，連同紙模一起放在散熱架上冷卻，等冷卻之後將紙與甜點分離。

*Point

將混合的粉類篩入其中。可讓麵糊帶有空氣較為蓬鬆，也會更加容易混合均勻。

加入塊狀的巧克力。烘焙完成後底部會有一層巧克力味較為濃郁的部分，那層將會格外美味。

將烤模內的麵糊表面整平，灑上小塊狀的巧克力。

酪梨蛋糕
Avocado Cake

帶有綿密口感，
口感清爽讓人印象深刻的蛋糕。

隨身甜點

*idea

如果有準備曾放過餅乾
等物的容器就很方便
了。鋪上紙巾，蓋上蓋
子就大功告成。甜點也
可以一個一個放入塑膠
袋中，防止甜點變乾。

材料 （磅蛋糕烤模1個份）

酪梨…1小顆（果肉100g）
檸檬汁…1小顆份
蛋黃…2顆份

A
┌ 美奶滋…2大匙（25g）
│ 原味優格…2大匙（30g）
│ 羅漢果代糖…20g
└ 黑糖…5g

B
┌ 高筋麵粉…20g
│ 杏仁粉…30g
│ 豆渣粉…15g
└ 發粉…5g

C
┌ 蛋白…2顆份
└ 羅漢果代糖…20g

 事前準備

■在烤模中鋪上烘焙紙。

製作方法

1 將酪梨去皮去籽後切成適當的大小，放入調理盆中。之後加入檸檬汁用叉子碾碎成泥。

2 將蛋黃與A加入其中，然後用打蛋器均勻攪拌。

3 將B篩入其中攪拌沒有粉狀殘留後為止。

4 將C放入另外一個較小的調理盆中，用手持電動攪拌機製作蛋白霜。持續打發至撈起後可成尖角狀。

5 然後將1/3量的第**4**步驟蛋白霜加入第**3**步驟的麵糊當中，之後用打蛋器仔細攪拌。將剩下的蛋白霜分兩次加入其中，為了避免打發的蛋白消泡請迅速切拌之後倒入烤模。

6 將第**5**步驟的烤模放置於烤盤上，然後放入預熱至160度的烤箱當中，烘焙15分鐘。然後將溫度下調至150度後再次烘焙25～30分鐘。

7 將成品從烤模中取出，連同紙模一起放在散熱架上冷卻，等冷卻之後將紙與甜點分離。

*Point

先用手按壓酪梨，挑選出帶有柔軟度的成熟酪梨。去除籽後，為了防止變色淋上檸檬汁，然後用叉子碾碎成泥。

蛋白霜的部分，先將1/3量加入麵糊當中仔細攪拌，之後將剩下的蛋白霜分兩次加入其中，為了避免打發的蛋白消泡請迅速切拌之後倒入烤模。

將麵糊倒入烤模後，將表面刮刀整平。

優格舒芙蕾蛋糕
Yogurt Sufure Cake

綿密又入口即化的口感，
飽含著優格與檸檬的清爽風味，
是一道非常美味的甜點。

市售商品1塊的
糖質 **10.2**g
熱量 **62.3**kcal

8分之1塊
糖質 **3.0**g
熱量 **53**kcal

■在烤模中鋪上烘焙紙。（參考p.9）

製作方法

```
    ┌ 蛋黃…2顆份
    │ 原味優格…50g
A   │ 檸檬汁…5g
    │ 蜂蜜…5g
    └ 羅漢果代糖…20g
    ┌ 高筋麵粉…20g
B   │ 杏仁粉…25g
    └ 發粉…3g
```

日本產檸檬皮黃色的部分的
碎末…1/2顆份

★沒有的話也沒關係

```
C   ┌ 蛋白…2顆份
    └ 羅漢果代糖…20g
```

1 將A加入調理盆中用打蛋器均勻攪拌。

2 攪拌均勻後將B篩入其中，加入檸檬皮後攪拌至沒有粉狀殘留為止。

3 將C放入另外一個較小的調理盆中，用手持電動攪拌機製作蛋白霜。持續打發至撈起後可成尖角狀。

4 然後將1/3量的第**3**步驟蛋白霜加入第**2**步驟的麵糊當中，之後用打蛋器仔細攪拌。將剩下的蛋白霜分兩次加入其中，為了避免打發的蛋白消泡請迅速切拌之後倒入烤模。

5 將第**4**步驟的烤模放置於烤盤上，然後放入預熱至160度的烤箱當中，烘焙40～50分鐘。

6 放在烤模中直接放涼，之後連同紙模一起取出，並將紙與甜點分離。

*Point

將A放入調理盆中，用打蛋器仔細攪拌到均勻混合為止。加入少許的蜂蜜將可引出更深層的甜味。

將B的粉類篩入其中，可讓麵糊帶有空氣。最後若還有粉殘留在篩子上的話，可以將其反轉過來全部加入其中。

先將1/3量的蛋白霜加麵糊當中，之後將剩下的蛋白霜分兩次加入其中，邊旋轉調理盆本身，邊用刮刀將麵糊從底部往上翻拌，請注意翻拌時不要揉。

市售商品1塊的
糖質 **28.2**g
熱量 **316**kcal

6分之1塊
糖質 **4.6**g
熱量 **171**kcal

薄燒胡桃塔
Walnut Tarte

製作方法簡單的塔。
加入了豆渣粉，因此富有嚼勁。

材料 （直徑16cm的烤模1個份）

蛋液…2顆份

A ┌ 植物油…30g
　├ 羅漢果代糖…15g
　└ 鹽巴…1g

B ┌ 杏仁粉…45g
　├ 高筋麵粉…20g
　└ 豆渣粉…10g

C ┌ 羅漢果代糖…25g
　├ 黑糖…5g
　└ 原味優格…50g

D ┌ 杏仁粉…10g
　└ 豆渣粉…10g

原味烤胡桃（無添加鹽）…15g

隨身甜點

*idea

直接用烘焙紙包起甜點，用可愛的紙膠帶代替緞帶捲起固定即完成。

 製作方法

1 將20g蛋液放入調理盆中，將A加入其中並用打蛋器均勻攪拌。乳化後將B篩入，用手揉至沒有粉狀殘留為止。

2 將第1步驟的麵團聚集成一團放上烘焙紙（裁成烤盤大小），蓋上裁成稍大的保鮮膜。從上方用擀麵棍擀開麵團。邊用90度迴轉的方式，邊將麵團整理成直徑20cm的圓形。

3 取下保鮮膜，連同烘焙紙一同移到烤盤上，邊緣會有裂開的狀況，因此用手指將麵團邊緣向內摺，每1cm就用手捏出漂亮的間隔，做成完美平衡的形狀。

4 用叉子在麵團的底部開出孔洞，放入預熱至160度的烤箱當中，烘焙13～15分鐘。

5 將第1步驟剩下的蛋液加入調理盆中，將C加入其中並用打蛋器均勻攪拌。攪拌至滑順狀後將D篩入，然後攪拌至沒有粉狀殘留為止。然後倒在第4步驟烘焙完成的塔皮上。

6 將第5步驟的餡料表面用刮刀整平，將胡桃抓出間隔放至其上。然後放入預熱至160度的烤箱當中，烘焙15～20分鐘。

藍莓起司塔
Blueberry Cheese Tarte

使用大量的藍莓,
搭配上奶油起司營造出美味的饗宴。

蛋液…1顆份

A
┌ 植物油…30g
│ 羅漢果代糖…15g
└ 鹽巴…1g

B
┌ 杏仁粉…45g
│ 高筋麵粉…20g
└ 豆渣粉…10g

奶油起司…150g

C
┌ 羅漢果代糖…25g
│ 檸檬汁…5g
└ 豆渣粉…5g

藍莓（冷凍或新鮮）…40g

事前準備

1 將20g蛋液放入調理盆中，將A加入其中並用打蛋器均勻攪拌。乳化後將B篩入，用手揉捏至沒有粉狀殘留為止。

2 將第**1**步驟的麵團聚集成一團放上烘焙紙（裁成烤盤大小），蓋上裁成稍大的保鮮膜。從上方用擀麵棍擀開麵團。邊用90度迴轉的方式，邊麵團整理成直徑20cm的圓形。

3 取下保鮮膜，連同烘焙紙一同移到烤盤上，邊緣會有裂開的狀況，因此用手指將麵團邊緣向內摺，每1cm就用手捏出漂亮的間隔，做成完美平衡的形狀。

4 用叉子在麵團的底部開出孔洞，放入預熱至160度的烤箱當中，烘焙13～15分鐘。

5 將奶油起司放入耐熱調理盆中，用微波爐加熱20秒使其軟化，並用打蛋器攪拌。攪拌至鮮奶油狀後，加入第**1**步驟剩下的蛋液和C，用打蛋器均勻攪拌至滑順狀為止。

6 將第**5**步驟的半成品倒在第**4**步驟烘焙完成的半成品上，表面用刮刀整平並灑上藍莓。然後放入預熱至160度的烤箱當中，烘焙15～20分鐘。

*Point

製作塔的內餡。將奶油起司用微波爐加熱20秒並用打蛋器攪拌。

加入製作麵團時剩下的蛋液和羅漢果代糖、檸檬汁、豆渣粉，用打蛋器仔細攪拌。

將內餡倒上烘焙完成的塔皮。

漂亮的放上藍莓，之後放入預熱至160度的烤箱當中，烘焙15～20分鐘。

市售商品1塊的	
糖質	**12.8**g
熱量	**156**kcal

8分之1塊	
糖質	**4.5**g
熱量	**136**kcal

隨身甜點

*idea

因為是薄派的關係，推薦使用堅固的盒子鋪上烘焙紙來攜帶。因為派是一種方便大家分食甜點，因此推薦可以先切好再放進盒子中。

薄燒蘋果派
Apple Pie

因為是低醣甜點，因此在如何展現派的風味上下了一番功夫。只需一塊就可以感受到自然的甜味，獲得充分的滿足感。

材料 （17×12cm的方型烤模1個份）

蘋果（果肉）…100g
檸檬汁…1小匙
奶油（無添加鹽）…35g

A
┌ 杏仁粉…20g
│ 高筋麵粉…20g
│ 凍豆腐粉…30g
│ 羅漢果代糖…10g
│ 鹽巴…少許
└ 發粉…1g

牛奶…15g
披薩用起司（切絲）…25g

C
┌ 羅漢果代糖…10g
└ 蜂蜜…5g

 製作方法

1 將蘋果清洗乾淨，連同皮一起切成8等份並去籽，之後切成薄片。然後鋪在耐熱盤上來回淋上檸檬汁，用保鮮膜輕輕蓋上用微波爐加熱1分40秒後放涼。

2 將奶油切成1cm大小的方塊狀，放入冰箱中預備。將A篩入調理盆中，之後加入奶油。用雙手的指尖將奶油擠扁，然後撒上粉類。成細碎狀後用指尖攪拌，並加入牛奶揉捏。

3 將第2步驟的麵團集結成型，放置於烘焙紙（裁成烤盤大小）上，蓋上裁成稍大的保鮮膜，用擀麵棍將麵團擀開成15×18cm。

4 取下保鮮膜，用手指將麵團邊緣向內摺，每1cm就用手捏出漂亮的間隔。並且邊捏出間隔邊調整麵團的形狀。

5 用叉子在麵團的底部開出氣孔，連同烘焙紙一同放上烤盤，之後放入預熱至160度的烤箱當中，烘焙12～15分鐘後取出。

6 在烘焙完成後的派皮底部灑上起司。

7 將第1步驟的蘋果一個一個整齊的排列於派皮上方。

8 整體均勻灑上C的羅漢果代糖，然後來回淋上蜂蜜，之後放入160度的烤箱當中，烘焙15～18分鐘。

柳橙巧克力派
Orange Chocolate Pie

柳橙與巧克力的搭配自無需多言。
去除柳橙的水分在製作上是很重要的一點。

材料 （直徑16cm的烤模1個份）

柳橙…1小顆（果肉80g）

奶油（無添加鹽巴）…35g

A
- 杏仁粉…20g
- 高筋麵粉…20g
- 凍豆腐粉…30g
- 羅漢果代糖…10g
- 鹽巴…少許
- 發粉…1g

牛奶…15g

B
- 蛋液…1顆份
- 牛奶…　　　20g
- 羅漢果代糖…35g
- 植物油…20g

C
- 可可粉（無糖）…25g
- 杏仁粉…10g

切片杏仁果…5g

製作方法

1 將柳橙去皮到能看到果肉為止。接著將柳橙切成圓形片狀，之後放上廚房紙巾吸走多餘的水份。

2 將奶油切成1cm大小的方塊狀，放入冰箱中預備。將A篩入調理盆中，之後加入奶油。用雙手的指尖將奶油擠扁，然後撒上粉類。成細碎狀後用指尖攪拌，並加入牛奶揉捏。

3 將第**2**步驟的麵團集結成型，放置於烘焙紙（裁成烤盤大小）上，蓋上裁成稍大的保鮮膜，用擀麵棍將麵團擀成直徑20cm的圓形。

4 取下保鮮膜，用手指將麵團邊緣向內摺，每1cm就用手捏出漂亮的間隔。並且邊捏出間隔邊調整麵團的形狀。

5 用叉子在麵團的底部開出孔洞，連同烘焙紙一同放上烤盤，之後放入預熱至160度的烤箱當中，烘焙12～15分鐘後取出。

6 將B放入調理盆中用打蛋機仔細攪拌。使其乳化後加入C，並且仔細攪拌。

7 攪拌至滑順狀後，將第**6**步驟的半成品倒上第**5**步驟烘焙完成的派皮上，然後撒上柳橙與切片杏桃果。之後放入160度的烤箱當中，烘焙18～23分鐘後取出。

*Point

將柳橙切成2～3mm厚，之後放上廚房紙巾吸走多餘的水份。

製作內餡的部分。將攪拌過後的蛋液與羅漢果代糖、植物油用打蛋器攪拌至乳化，之後加入可可粉和杏仁粉仔細攪拌。

烘焙完成後等派皮的餘熱散去，將內餡倒入其中，之後將表面整平。

將柳橙漂亮地排列至餡料上，並將切片杏仁果放置於縫隙當中。

一口巧克力派
Bite-sized Chocolate pie

用心型模具製成，或是用菜刀切成三角形也OK唷。

市售商品1塊的
糖質 **3.8**g
熱量 **60**kcal

1塊的
糖質 **1.4**g
熱量 **53**kcal

 材料 （5cm的心型烤模15片份）

奶油（無添加鹽）…35g

A
┌ 杏仁粉…20g
│ 高筋麵粉…20g
│ 凍豆腐粉…30g
│ 羅漢果代糖…10g
│ 鹽巴…少許
└ 發粉…1g

牛奶…15g

蛋液…少許

原味烤胡桃（無添加鹽巴）…10g

可可含量86%或88%的巧克力
（請參考p.93）…15g

 製作方法

1　將奶油切成1cm大小的方塊狀，放入冰箱中預備。將A篩入調理盆中，之後加入奶油。用雙手的指尖將奶油擠扁，然後撒上粉類。成細碎狀後用指尖攪拌，並加入牛奶揉捏。

2　將麵團集結成型，用裁成稍大的保鮮膜夾起，用擀麵棍將麵團擀成3mm厚之後用心型模具脫模成型。

3　將麵團置於鋪上烘焙紙的烤盤上，在表面塗上蛋液，均勻撒上切過的胡桃和巧克力，放入預熱至160度的烤箱當中，烘焙10～15分鐘後取出。

起司＆香草派
Cheese Herb Pie

與紅酒和啤酒絕配的派。

市售商品1塊的
糖質 **3.4**g
熱量 **100**kcal

1塊的
糖質 **0.7**g
熱量 **31**kcal

 材料 （1cm的三角形烤模24片份）

奶油（無添加鹽）…35g

A
┌ 杏仁粉…20g
│ 高筋麵粉…20g
│ 凍豆腐粉…30g
│ 羅漢果代糖…10g
│ 鹽巴…少許
└ 發粉…1g

牛奶…15g

含香草的鹽…適量

披薩用起司（切絲）…30g

迷迭香…少許

 製作方法

1 將奶油切成1cm大小的方塊狀，放入冰箱中預備。將A篩入調理盆中，之後加入奶油。用雙手的指尖將奶油擠扁，然後撒上粉類。成細碎狀後用指尖攪拌，並加入牛奶揉捏。

2 將麵團集結成型，用裁成稍大的保鮮膜夾起，用擀麵棍將麵團擀成3mm厚之後用喜歡的任意模具脫模型，之後放於鋪上烘焙紙的烤盤上。

3 將含香草的鹽撒在第**2**步驟的餅乾麵團上，並輕輕鋪上一層起司。然後將切過的迷迭香撒上在上面（若沒有也沒關係），放入預熱至160度的烤箱當中，烘焙10～15分鐘後取出。

Part 3
想當作
節慶禮物的
甜點

在聚會時帶來個禮物的話，無論是誰都會相當開心。
無論是哪一個，外觀都十分可愛唷。

St.Valentine's day

巧克力蛋糕
Gateau Chocolate

若做成較大的蛋糕，在切的時候也會比較
困難，但若是用容器來烘焙的話，當成禮
物送出也會比較方便。

市售商品1塊的
糖質 **16.7**g
熱量 **246**kcal

1個的
糖質 **2.8**g
熱量 **120**kcal

材料 （直徑5.5cm的馬芬烤模8個份）

A ┌ 可可含量86%或88%的巧克力
  │ （參考p.93）…60g
  └ 鮮奶油（脂肪含量36%）…100g

B ┌ 蛋黃…2顆份
  │ 羅漢果代糖…15g
  │ 黑糖…5g
  └ 白蘭地…10g

杏仁粉…20g

C ┌ 蛋白…2顆份
  └ 羅漢果代糖…20g

製作方法

1 　將A的巧克力大致上切過後，放入耐熱容器當中並加入鮮奶油後，用微波爐加熱1分40秒。之後取出後用刮刀攪拌，直到巧克力變成滑順狀為止。

2 　將B放入調理盆中，用打蛋器仔細攪拌後加入第**1**步驟的半成品。

3 　攪拌至滑順狀後加入杏仁粉，攪拌至沒有粉狀殘留為止。

4 　在另外一個調理盆中放入C，用手持式電動攪拌機打發製作蛋白霜。直到撈起後可成尖角狀後，先將1/3的量加入A細細攪拌。

5 　剩下的量分2～3次加入其中，為了避免打發的蛋白消泡請迅速切拌。

6 　將紙模放上烤盤，將麵糊倒入其中至八分滿為止。在冷卻後麵糊會凹陷因此請選用比較堅固的模具，然後放入預熱至160度的烤箱當中，烘焙15～18分鐘。

*Point

將巧克力大致上切過後，放入耐熱容器當中並加入鮮奶油，然後不蓋上保鮮膜直接用微波爐加熱。

從微波爐取出後迅速攪拌，直到呈現鮮奶油狀。

將麵糊倒入烤模中至八分滿為止，然後放入預熱至160度的烤箱當中，烘焙15～18分鐘。

市售商品1塊的	
糖質	**4.3**g
熱量	**46**kcal

1塊的	
糖質	**1.2**g
熱量	**32**kcal

西班牙傳統烤餅
Polvoron

入口即化的口感是這道甜點的一大特徵。
是西班牙的一種獨特甜點。
為了搭配女兒節試著做成了三種顏色。

Doll's Festival

材料（3種顏色各7塊份）

A ┌ 高筋麵粉…20g
　└ 杏仁粉…30g

黃豆粉…20g

B ┌ 黑糖…5g
　│ 鹽巴…少許
　└ 羅漢果代糖…20g

植物油…30g

梅子肉…5g

C ┌ 黃豆粉…5g
　└ 日本茶（粉狀）…1g

隨身甜點

*idea

在圓形的盒子中鋪上蕾絲紙後放上甜點，之後蓋上蓋子、繫上光滑細緻的緞帶並打上蝴蝶結便大功告成。

製作方法

1 　將A放入耐熱容器中，不蓋上保鮮膜直接用微波爐加熱40秒左右。之後取出從下面開始翻拌。

2 　將黃豆粉加入第1步驟的半成品當中，再將粉類一起篩入。
3 　將B加入其中後用刮刀上下翻拌。
4 　倒入植物油，將其攪拌至可集結成一塊為止。

5 　將麵團分別搓成14顆小球（一球約6g），放置於鋪上烘焙紙的烤盤上。

6 　將剩下的麵團加入梅子果肉後用刮刀攪拌。之後將麵團分別搓成7顆小球，並擺在第5步驟的小球旁。之後用筷子在上方擺上梅子肉（材料清單外）

7 　將第6步驟的麵團球放入預熱至150度的烤箱當中，烘焙15～18分鐘。之後直接放涼，等餘熱散去後，將沒有摻入梅子果肉的西班牙小餅挑出7顆撒上黃豆粉。
註）各色一顆，共三顆的合計含醣量為3.7g。

南瓜
鮮奶油布丁
Pumpkin Pudding

擁有綿滑如同鮮奶油般，
入口即化的布丁。

Halloween

88

材料（直徑5.5cm的馬芬烤模6個份）

南瓜（果肉）…100g

奶油起司…50g

A ┌ 蜂蜜…5g
　└ 羅漢果代糖S…30g

攪拌過的蛋液…2顆份

B ┌ 鮮奶油（脂肪量36%）…100g
　└ 牛奶…50g

可可含量86%或88%的巧克力
（參考p.93）…5g

製作方法

1 將南瓜切成2cm的塊狀，接著去皮，包上保鮮膜用微波爐加熱1分50秒。等溫度降到手可觸碰後，直接從保鮮膜上方將南瓜壓碎。

2 將奶油起司放入耐熱容器中，不蓋上保鮮膜直接用微波爐加熱15秒左右讓其軟化。之後取出從下面開始翻拌。將A加入後用刮刀攪拌至鮮奶油狀。

3 將攪拌過的蛋液和第**1**步驟的半成品加入第**2**步驟的半成品當中仔細攪拌，攪拌至滑順狀後再加入B仔細攪拌。

4 將第**3**步驟的麵糊等份的倒入烤模當中，之後放到鋪了兩層廚房紙巾的烤盤上，之後蓋上揉縐後的鋁箔紙。因為烘焙完成後麵糊會塌陷，請選擇較為堅固的烤模。

5 將第**4**步驟放入預熱至130度的烤箱當中，烘焙30分鐘左右。因為經過長時間烘焙，麵糊表面會變堅硬，而冷卻的時候則會收縮，因此在中心稍微變軟後從烤箱中取出，讓其呈現鮮奶油般的綿滑感。若中心還是液態狀的話，就再多加熱10分鐘左右。若是熱風循環烤箱的話，可以將熱風循環的功能關閉或是在鋁箔紙的四個角壓上耐熱杯。

6 等布丁冷卻後就開始裝飾的步驟。將巧克力切過候用微波爐加熱30～40秒使其融化，並攪拌至滑順狀。並將其放入簡易手摺擠花袋（參考P.11），劃出喜歡的表情。

*Point

在放入烤箱時，要在烤模下方墊上兩層廚房紙巾，並蓋上揉縐後的鋁箔紙。

將巧克力切過候用微波爐加熱，倒入放在杯子當中的手工擠花袋中。

在布丁的上方用巧克力畫出眼睛和嘴巴。

香料花圈餅乾
Wreath Spicy Cookies

帶有辛香料微微清香的花圈餅乾。
一口吞下，讓聖誕節的氣氛更加熱鬧。

材料 （16塊份）

奶油（無添加鹽巴）…60g

A ┌ 羅漢果代糖…30g
  └ 黑糖…5g

攪拌過的蛋液…40g

B ┌ 高筋麵粉…20g
  │ 杏仁粉…45g
  │ 凍豆腐粉…20g
  │ 薑粉…1/2小匙
  └ 肉桂粉…1/3小匙

可可粉（無糖）…5g

藍莓（乾燥）…16顆（7g）

南瓜種子…5g

事前準備

■將奶油提早從冰箱中取出回歸室溫。

*Point

從原味麵糊中分出70g，加入可可粉後混合均勻。若是想呈現綠色的外觀，將香料類從B中去除，不用可可改加入日本茶混合均勻。

 製作方法

1 奶油若軟化了之後，用橡皮刮刀攪拌至鮮奶油狀，之後加入A後攪拌。

2 混合均勻後，加入攪拌過的蛋液再攪拌均勻。

3 攪拌至滑順狀後，將B篩入，仔細攪拌均勻。

4 攪拌至沒有粉狀結塊後，分出70g並加入可可粉後攪拌（可可麵糊）。

5 將擠花袋裝上星形的擠花嘴，將原味與可可麵糊交互裝入其中。將開口關上，用木製刮刀將麵糊推向擠花嘴，並且為了讓空氣不要跑進去捲起擠花袋。

6 在烤盤上鋪上烘焙紙，擠出直徑5cm的圓形。擠出3～4個後就用刮刀將麵糊擠去前方，如此一來就可以漂亮的擠到最後。若麵糊量已較少的話可以擠小一點也沒關係。

7 將藍莓或南瓜種子沾上攪拌過的蛋液（材料清單外），之後輕輕按在麵糊上。

8 將第**7**步驟的麵糊放入預熱至140度的烤箱當中，烘焙18～22分鐘。

★完成的照片上可以看到餅乾上有綠色的東西，那是麵糊當中不加入香料，將可可改用日本茶4g製作出來的花圈餅乾。

將擠花袋牢牢裝上擠花嘴，並置於杯子中將開口打開，將兩種麵糊交互放進其中。

為了讓空氣不要跑進擠花袋中，用木製刮刀將麵糊推向擠花嘴，並且從開口處捲起擠花袋。

用畫圓的方式擠出麵糊。若麵糊太硬則置於室溫下讓其稍稍軟化，即可順利擠出。

將藍莓或南瓜種子沾上攪拌過的蛋液，之後輕輕按在麵糊的連接處上，如此一來即使經過烘焙也不容易脫落。

關於主要使用的材料

對於製作低醣甜點來說，
所選用的材料是非常重要的。
在本書中盡量挑選了在附近的超市即可
取得的材料，
但若是無法取得的狀況下，
可以試著透過前往甜點材料專賣店、電
話購物、網路購物等方式，
來取得必要的材料。

高筋麵粉

為了讓甜點呈現出應有的口
感，會少量的使用高筋麵
粉。高筋麵粉即使在小麥粉
當中也是含有12％以上蛋白
質的種類。因此在100g當中
就有69g的含醣量。

豆渣粉

豆渣粉為了讓保存性更高而
經過乾燥。然後豆渣粉也有
著微粒狀的商品種類（照片
右），針對本書中所使用的
黃豆粉請選用顆粒大小普通
的種類。在100g當中有8.7g
的含醣量。

杏仁粉

將杏仁果加工製成粉狀的一
種材料。請選用不含果皮的
種類。加入杏仁粉會讓烘焙
後香氣更佳，也可以營造出
更有深度的風味。因為很容
易變質的關係，開封後需要
放入冰箱中保存，並且盡快
使用完畢。以下為參考值，
在100g當中有9.3g的含醣
量。

凍豆腐粉

也被稱為粉豆腐，顧名思義是將凍豆腐製成粉狀的一種材料。在100g當中有2.7g的含醣量。若無法取得的話，可以直接將凍豆腐磨碎使用。

黃豆粉

一般是將黃豆炒過後去皮製成粉狀的一種材料。比起直接將生黃豆製成粉狀的大豆粉，沒有青草的臭味，帶有更濃的香氣是一大特徵。但也因為炒過的關係，變得很容易熟透，同時也很容易染上焦色。在100g當中有14.2g的含醣量。

羅漢果代糖(顆粒)

讓甜點帶上甜味的材料，原料是羅漢果的萃取物和赤藻糖醇。雖然以成份來說一樣是碳水化合物，但熱量卻是為零，這是因為體內幾乎無法吸收都會經由尿液排出體外（根據製造商的說明）。因此在本書中以含醣量為零來計算。

黑糖

黑糖是由甘蔗榨出的甘蔗汁經過長時間熬煮之後最後剩下的蜜糖。對於蜜糖來說，需要經過分蜜與結晶化的程序，也有商品是有含結晶糖的部分，因此在選用黑糖的時候要確認一下黑糖中含有的蜜糖種類。含有結晶糖的黑糖會擁有較多的礦物質、含糖量也較高，但只要使用少許的量即可引出甜味與富含深度的味道。

蜂蜜

顧名思義是蜜蜂採集花蜜後，帶回蜂巢中加工並儲藏的東西。含糖量很高，因此只為了調味而少量使用。根據商品會分為洋槐蜂蜜、柳橙蜂蜜等，由特定的花種採集到的蜂蜜。請依喜好選擇即可。

巧克力

巧克力的部分含糖量由製造商提供，選用含量較低的「可可含量為86％的巧克力」（1片5g含醣量1.05g、熱量28.9kcak、明治）或是「Carré de chocolat（可可含量88％）」（1片4.8g含醣量1g、熱量27kcak、森永製菓）皆可。若使用其他製造商的產品，可能含糖量會較高，完成的甜點成品口味上也會不太一樣。

香草類＆鹽巴

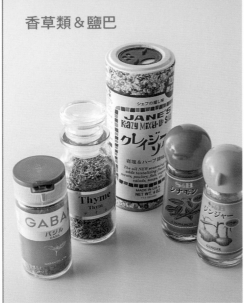

為了抑制甜味和增進不同的風味，因此也很常會使用到香草類＆鹽巴的材料。（從照片的右至左）

薑粉 將薑去皮後乾燥，之後製成粉狀的東西。擁有清爽的辣味是其特色。

肉桂 由樹皮製成，帶有清香。

混合調味鹽 （KRAZY MIXED-UP SALT）將7種岩鹽與香料做混合搭配的調味鹽。可帶出甘甜的鹽味。

百里香 帶有芬芳香氣的一種香草類。在本書中使用在香草＆起司馬芬上。

羅勒 在義大利料理中很常會使用到的一種香草類。和番茄搭配性絕佳，將使用在司康上。

除此之外，也會使用生的迷迭香和薄荷。

添加風味用的材料

除了香草之外，為了使甜點風味更多元也會加入下方照片中的材料。

胡桃 請選用原味烤製而成無添加鹽巴的產品。

煮紅豆 請選用無添加砂糖的產品。因為含醣量較高，請酌量使用。

西梅乾 含有強烈甜味，而含醣量也很高，請酌量使用來調味。

低糖果醬 在歐美糖度（總重量當中糖份的比例）在60～65％的可被稱為果醬。而在日本果醬分為高糖度65％以上、中糖度55～65％、低糖度40～55％。為了壓抑含醣量，本書選用低糖度的柑橘醬（糖度42％）。

檸檬果汁 若使用生檸檬是再好不過，但若只少量使用的話瓶裝的會比較方便。

粉茶 粉狀的日本茶。比起抹茶價格上更為實惠，使用在甜點上較為方便。

可可粉 市售可可粉許多都有添加砂糖，在此請挑選無添加砂糖的純可可粉。

關於主要
使用的模具

對於比較小的甜點來說，會使用紙或鋁箔紙製的烤模。大約是直徑5cm左右的大小。一般的可以在甜點專賣店中取得。但是，馬芬蛋糕的部分因紙容器較軟需放入烤模中一起烘焙。此外，製作將大份量甜點切成小片狀的食譜時，會使用磅蛋糕的烤模。大小是18×8×6cm，不鏽鋼製的在使用上會較為簡便。

馬芬與磅蛋糕烤模

磅蛋糕的烤模為18×8×6cm。

馬德蓮等較淺的烤模

每個的容量皆大致上相同。

馬芬等使用的烤模

與一般M SIZE大小的馬芬烤模份量相同。

PROFILE

石澤清美（いしざわきよみ）

料理師。國際中醫師。國際中醫藥膳師、NTI認定營養顧問。擅長的領域廣泛，不論是每天的小菜或儲備糧食，麵包或點心等都是其擅長的領域。不斷研究與考察食物與人體之間的奧妙。這次帶來的是低醣甜點隨身帶著走，因為主題較為困難的緣故，經過了許多的嘗試與經驗的累積才終於完成了本書的食譜。著有：《好喝的冰沙》、《利用抗菌、抗氧化作用提升健康力！梅干＆梅子食譜》、《愈吃愈健康地瘦身！湯類食譜》、《排毒瘦身！豆渣的升級食譜》、《預先做好放在冰箱冷藏！滿是蔬菜的泡菜漬物食譜》、《每天都吃也吃不胖 有益身體的甜點》、《吃得津津有味又能瘦身＆排毒！豆渣食譜》、《新手的手工麵包》、《保存版 醬料 調味醬 沙拉用醬料》（以上均為主婦之友社出版）、《低醣甜點 不發胖更健康》、《不必戒甜!纖食點心好吃零負擔》(中文版瑞昇文化)。

官方網站：www.kiyomi-ishizawa.com

TITLE

與你分享 低醣甜點溫和感

STAFF		ORIGINAL JAPANESE EDITION STAFF	
出版	三悅文化圖書事業有限公司	裝丁・本文デザイン	矢代明美
作者	石澤清美	撮影	榎本 修
譯者	葉承瑋	スタイリング	坂上嘉代
		栄養計算	杉山みな子
總編輯	郭湘齡	編集	神谷裕子
文字編輯	徐承義　蔣詩綺　李冠緯	編集デスク	子安啓美（主婦の友社）
美術編輯	孫慧琪		
排版	靜思個人工作室		
製版	明宏彩色照相製版股份有限公司		
印刷	龍岡數位文化股份有限公司		
法律顧問	經兆國際法律事務所　黃沛聲律師		

戶名	瑞昇文化事業股份有限公司
劃撥帳號	19598343
地址	新北市中和區景平路464巷2弄1-4號
電話	(02)2945-3191
傳真	(02)2945-3190
網址	www.rising-books.com.tw
Mail	deepblue@rising-books.com.tw
初版日期	2019年7月
定價	280元

國家圖書館出版品預行編目資料

與你分享低醣甜點溫和感 / 石澤清美著
; 葉承瑋譯. -- 初版. -- 新北市：三悅文
化圖書, 2019.04
96面；14.8x21公分
譯自：毎日食べてもふとらない!糖値オ
フの持ち歩き菓子
ISBN 978-986-96730-7-5(平裝)
1.點心食譜
427.16　　　　　　　　　108005109